ABHANDLUNGEN DER DEUTSCHEN AKADEMIE
DER WISSENSCHAFTEN ZU BERLIN

*Klasse für Mathematik, Physik und Technik*

*Jahrgang 1962 Nr. 5*

*WALTER CHRISTIAN*

# PROBLEME UND ERKENNTNISSE AN SELBSTTÄTIGEN PLATTENVENTILEN FÜR KOLBENVERDICHTER

Mitteilungen der Sektion Maschinenbau

Mit 36 Abbildungen

AKADEMIE-VERLAG BERLIN
1962

Vorgelegt von Hrn. Jante in der Klassensitzung vom 18. Januar 1962

Zum Druck genehmigt am gleichen Tage, ausgegeben am 20. 9. 62

Erschienen im Akademie-Verlag GmbH, Berlin W 8, Leipziger Straße 3—4

Lizenznummer: 202 · 100/743/62
Gesamtherstellung: VEB Druckerei „Thomas Müntzer" Bad Langensalza
Bestellnummer: 2001/62/I/5 · ES: 20 H 4 · Preis: DM 6,60

INHALTSVERZEICHNIS

## 1. Einleitung

In der im Verhältnis zu anderen Fachgebieten nicht sehr umfangreichen Literatur über Kolbenverdichter werden vorwiegend thermodynamische Probleme der Berechnung, Probleme der Gestaltung und Betriebssicherheit, des Wärmetausches, der Fundamentierung und der Untersuchungs- und Meßmethodik behandelt. Obwohl man die Bedeutung der Ausführung der Arbeitsventile für die einwandfreie Arbeitsweise der Maschine, ihre Betriebssicherheit sowie auch für den spezifischen Leistungsbedarf stets erkannt hat, ist doch die Konstruktion und Entwicklung dieses wichtigen Teiles eines Kolbenverdichters vorwiegend empirisch erfolgt und es wurden in den wenigen Veröffentlichungen besonders Werkstoff- und Fertigungsprobleme behandelt.

Dieses Fehlen einer eingehenden wissenschaftlichen Behandlung der Verdichterventile mag zum Teil darauf beruhen, daß bei einem relativ so einfachen Arbeitsprinzip, wie es bei einem selbsttätigen Rückschlagventil angewendet wird, zum äußerlich einwandfreien Funktionieren keine großen wissenschaftlichen Betrachtungen erforderlich sind. Zum andern wurde nach Einführung des leichten Plattenventils durch Hörbiger die Fertigung der Ventilplatten und schließlich vollständiger Ventile Aufgabe und Interessengebiet einer speziellen Zulieferindustrie, die an einer Bekanntgabe von gewonnenen Kenntnissen und Erfahrungswerten wenig Interesse hat. Erst die Entwicklung kleinerer Maschinen für eine Drehzahl von 1000/min und mehr sowie auch die oft unbefriedigende Lebensdauer der Ventilplatten ließen in den letzten Jahren das Ventilproblem in den Vordergrund des Interesses rücken, wie aus einer Reihe wissenschaftlicher Untersuchungen in Deutschland, den USA und der Sowjetunion [1 bis 27] zu erkennen ist. Die Entwicklung der experimentellen Meßtechnik mit elektrischen und elektronischen Mitteln brachte gleichzeitig die Möglichkeit, die beim Ventilspiel auftretenden Vorgänge zu erkennen und systematisch zu untersuchen. Es ist jedoch festzustellen, daß die bisher gewonnenen Erkenntnisse noch nicht so weit Allgemeingut geworden sind, daß sie praktisch in breitem Umfang angewendet werden.

Trotz der für alle Anwendungen gleichen Aufgabe eines Kompressorventiles muß doch die äußere Ausführung des Ventiles sowie seine Bemessung recht verschieden sein, wenn neben der Größe die verschiedenen Betriebsverhältnisse wie Gasart, Drehzahl, Druckdifferenz und Einbauverhältnisse richtig und zweckmäßig berücksichtigt werden. In Abb. 1 bis 3 sind einige Bauausführungen dargestellt. Abb. 1 zeigt die häufigste Bauform als Ring- oder auch Schlitzplattenventil mit verschiedener Ausführung der Ventilfedern. Das Streifenventil in Abb. 2 hat nicht ringförmige, sondern in Streifen nebeneinander angeordnete Durchgangsquerschnitte, die von einzelnen entweder selbst federnden Stahlblechstreifen oder durch eine Blattfeder belasteten starren Streifen-Platten abgedeckt werden. Das Junckers-Ventil hat eine Bohrung als Durchgangsquerschnitt und wird in größerer Stückzahl in eine Stahlplatte eingeschraubt. Es ist in dieser Form besonders für die Fertigung in größerer Stückzahl geeignet. Das sogen. Geradstrom-Ventil nach Abb. 3 wurde in Anlehnung an die Gebläse-Ventile von dem Konstruktions- und Entwicklungsbüro für die chemische Industrie (Niichimmasch) in der UdSSR vorwiegend für schnellaufende Luftverdichter entwickelt und ein-

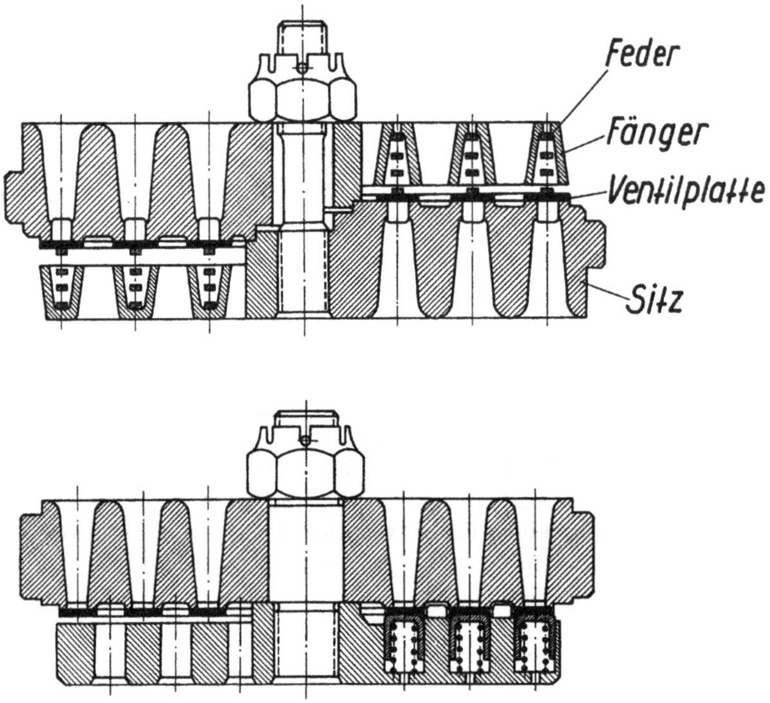


Abb. 1. Ringplatten-Ventil mit großen und kleinen zylindrischen Schraubenfedern

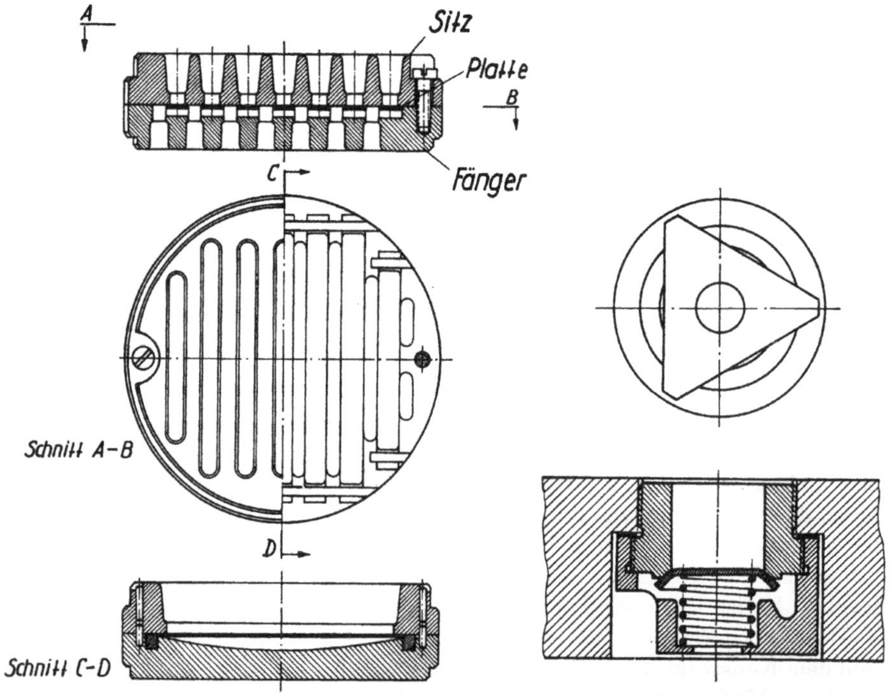


Abb. 2. Streifen-Ventil und Junckers-Ventil

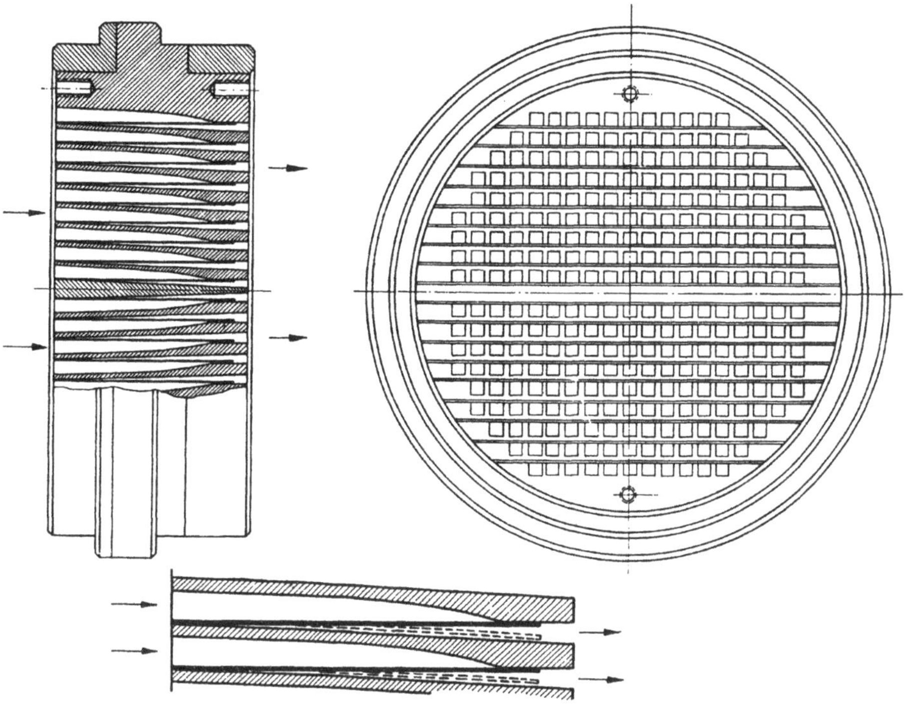

Abb. 3. Geradstrom-Ventil

gesetzt. Es ähnelt in seinem Aufbau und der Wirkungsweise einer Mundharmonika. Die Ventilplatten sind gleichzeitig Federn, die in der dargestellten Form die geraden Durchströmkanäle abdecken, so daß der Strömungswiderstand niedrig ist, weil die Umlenkung um die Ventilplatte vermieden wird. Sollen Ventilplatten ausgewechselt werden, so wird bei der gezeigten Konstruktion der Verband durch induktive Erwärmung der Schrumpfringe gelöst. Die Ventilplatten aus Federstahl weisen wenig Brüche auf, sondern sind wegen der geringen Stärke eher korrosionsgefährdet, wenn nicht rostbeständiges Material verwendet wird. Neben dem zweifellos vorhandenen Vorteil des geringen Widerstandes ist aber leider eine ständige gute Abdichtung nicht ohne weiteres zu erreichen, so daß die Ansichten über die Vorteile ihrer Verwendung nicht einheitlich sind.

Wenn ein Konstrukteur für Kolbenverdichter sich einmal die Frage vorlegt, welche Bedingungen ein ideales Kompressorventil erfüllen soll, dann wird er etwa folgende Forderungen aufstellen:

1. Das Ventil muß im geschlossenen Zustand praktisch dicht sein.
2. Das Ventil soll bei einer zur Verfügung stehenden Einbaufläche einen möglichst großen Strömungsquerschnitt und gleichzeitig einen möglichst geringen Strömungswiderstand aufweisen.
3. Das Ventil soll einen möglichst geringen Schadraum besitzen.
4. Das Ventil soll eine den theoretischen Bedingungen entsprechende Arbeitsweise haben, die eine möglichst geringe Beanspruchung der Ventilplatte und damit voraussichtlich eine lange Lebensdauer der bewegten Teile ergibt.
5. Das Ventil soll entsprechend den daran angreifenden Kräften möglichst werkstoffgerecht konstruiert sein und dadurch eine möglichst beanspruchungsgerechte Gestaltung erhalten.
6. Das Ventil soll möglichst billig hergestellt werden können.

Damit sind die wesentlichsten und wichtigsten Probleme für die Berechnung und Gestaltung eines Verdichterventils gekennzeichnet und umrissen.

Bei den nachfolgenden Betrachtungen sollen aus dem Kreis der oben angedeuteten Probleme bewußt alle Fragen der Dichtheit, der Fertigung sowie auch der Festigkeits-Rechnung des Ventilsitzes und der Schrauben herausgenommen werden. Die Frage der Größe des Schadraumes wird im allgemeinen mittelbar durch die endgültige Konstruktion bestimmt und kann dann noch durch die Wahl eines hochfesten Werkstoffes und damit geringerer Bauhöhen des Sitzes und Hubfängers beeinflußt werden.

Es bleiben somit für die Betrachtung folgende drei Probleme übrig:

I. Das Problem des Strömungswiderstandes
II. Das Problem der Funktion des Ventiles
III. Das Problem der Lebensdauer der Ventilplatte

## 2. Das Problem des Strömungswiderstandes (statisches Verhalten)

Das Problem des Strömungswiderstandes ist das einfachste der angeführten Fragenkomplexe und wurde auch zuerst wissenschaftlich behandelt.

Als erster beschäftigte sich m. W. BREINL mit diesen Fragen. Weitere Untersuchungen machten LANZENDÖRFER (1932), FUCHS, HOFFMANN und SCHÜLER (1941); dann sind besonders zu nennen die Untersuchungen von KONDRATJEWA und FRENKEL (1954—55) sowie die kürzlich veröffentlichte Arbeit von MÜLLER (1958). Das Problem des Strömungswiderstandes kann etwa durch folgende Fragen umrissen werden:

1. Durch welche Angaben kann man am besten die Eigenschaften eines Ventiles hinsichtlich Strömungswiderstand kennzeichnen?
2. Wie groß ist der Strömungswiderstand einer vorliegenden Ventilkonstruktion, wovon hängt er ab und durch welche konstruktiven Maßnahmen kann er herabgesetzt werden?
3. Kann man eine allgemein gültige Maßzahl für die Güte eines Ventils hinsichtlich Strömungswiderstand angeben?
4. Welcher zusätzliche Arbeitsaufwand ist für die Verdichtung infolge des Strömungswiderstandes der eingebauten Ventile erforderlich?

Vor Bestimmung des Druckunterschiedes, der an dem in der Maschine arbeitenden Ventil auftritt, muß erst geklärt werden, welchen Widerstand ein Kompressorventil bei stationärer, d. h. gleichförmiger Strömung ergibt. Dabei wird allerdings vorausgesetzt, daß bei der veränderlichen Strömung im arbeitenden Ventil dieselben Widerstände bei gleicher Strömungsgeschwindigkeit auftreten wie bei der stationären Strömung. Bei der Bestimmung des Strömungswiderstandes eines vollständigen Ventiles müssen grundsätzlich zwei verschiedene Situationen unterschieden werden:

a) Das Ventil ist noch nicht vollständig geöffnet, d. h. der Hub der Ventilplatte ist kleiner als der maximale Hub; dann ist der Strömungswiderstand in erster Linie bestimmt durch die von der eingebauten Ventilfeder ausgeübte Kraft.

b) Die Platte liegt am Hubfänger an, das Ventil ist also vollständig geöffnet; dann ist der Strömungswiderstand bedingt durch den Querschnitt bzw. die Strömungsgeschwindigkeit, die Dichte des Fördermediums und die Form der Strömung, also die Konstruktion des Ventils.

Es ist also ein Irrtum, anzunehmen, daß nur die Strömungseigenschaften der Ventilkonstruktion den Widerstand beim Arbeiten des Ventils bestimmen.

Ehe wir auf die Ergebnisse solcher Strömungsmessungen eingehen, ist es notwendig zu klären, durch welche Größe man am zweckmäßigsten den spezifischen Strömungswiderstand eines Ventils angibt.

Am häufigsten wird dieser durch den Widerstandsbeiwert $\zeta$ entsprechend der Gleichung

$$\Delta p = \frac{\varrho_1}{2}\left(\frac{\dot{V}_1}{f}\right)^2 \cdot \frac{1}{\varepsilon_v^2} \cdot \zeta \tag{1}$$

ausgedrückt. Andererseits kann aber auch der Vorgang als Durchflußvorgang betrachtet und die Gleichung

$$\dot{V}_1 = \alpha \cdot f \cdot \varepsilon_v \sqrt{2 \cdot v_1 \cdot \Delta p} \tag{2}$$

angesetzt werden, in der die Durchflußzahl $\alpha$ die kennzeichnende Größe ist. Da beide Gleichungen denselben Vorgang beschreiben, besteht die Beziehung

$$\zeta = \frac{1}{\alpha^2}\,. \tag{3}$$

Bei steigendem Wert $\zeta$ fällt $\alpha$ ; $\zeta$ ist stets größer als eins, $\alpha$ dagegen kleiner als eins.

In den beiden Gleichungen (1) und (2) wurde absichtlich der Strömungsquerschnitt $f$ noch nicht näher bezeichnet, da es gleichgültig ist, welcher der innerhalb des Ventiles vorhandenen Querschnitte als Bezugsgröße verwendet wird. Wichtig ist nur, daß er bei der Angabe von $\zeta$ oder $\alpha$ genau bezeichnet wird. Es kann sogar auch z. B. die Einbaufläche $f_e = \frac{\pi}{4} \cdot d_e^2$ des ganzen Ventiles verwendet werden. Es ist also müßig zu diskutieren, ob beim Sitzspalt- oder beim Hubspaltquerschnitt die meist vorhandenen Rippen oder die Führungsstege berücksichtigt werden müssen. Wichtiger ist, diese Bezugsgröße so einfach wie möglich festzulegen. Im nachfolgenden werden daher folgende Begriffe verwendet:

1. der vereinfachte Sitzspaltquerschnitt $f_{So} = \Sigma\pi \cdot d_m \cdot b$
2. der vereinfachte Hubspaltquerschnitt $f_{Ho} = \Sigma\pi \cdot d_m \cdot H$.

Da, wie man aus den obigen beiden Gleichungen erkennt, es jedoch auf das Produkt $\alpha \cdot f$ oder $\frac{\zeta}{f^2}$ ankommt, ist es zweckmäßig, sogar noch einen Schritt weiterzugehen und anstelle eines willkürlich gewählten Konstruktionsquerschnittes das Produkt $\alpha \cdot f = \Phi$ zu verwenden, wobei der Wert $\Phi$ jetzt die Fläche der äquivalenten Düse darstellt, deren Durchflußwert $\alpha$ und deren Widerstandsbeiwert $\zeta$ gleich 1 sind. Mit diesem Begriff ergeben sich dann die Gleichungen

$$\Delta p = \frac{\varrho_1}{2}\left(\frac{\dot{V}_1}{\Phi}\right)^2 \cdot \frac{1}{\varepsilon_v^2}\,, \tag{4}$$

$$V_1 = \Phi \cdot \varepsilon_v \cdot \sqrt{2\, v_1 \cdot \Delta p}\,, \tag{5}$$

$$\Phi = \frac{\dot{V}_1}{\varepsilon_v \sqrt{2\, v_1 \cdot \Delta p}}\,. \tag{6}$$

Die Größe der gleichwertigen Düse $\Phi$ kann also in Zukunft viel besser zur Kennzeichnung der Querschnittsgröße eines Ventils verwendet werden als die bisher benutzten Querschnitte des Sitzspaltes und des Hubspaltes.

Damit soll jedoch nicht gesagt sein, daß die auf eine dieser beiden Flächen bezogenen $\alpha$- und $\zeta$-Werte nicht von Interesse sind. In den oben angeführten Formeln ist ein Expansionsbeiwert $\varepsilon_V$ angegeben, ein Begriff, der bekanntlich in den Gleichungen für die Durchflußmengenmessung vorkommt und den Einfluß der Expansion eines elastischen Mediums gegenüber einem unelastischen Medium zum Ausdruck bringt.

Bei den bisher bekanntgewordenen $\alpha$-Werten für Kompressorventile ist eine Expansion des gasförmigen Mediums nicht berücksichtigt, also mit $\varepsilon_V = 1$ gerechnet worden, da es sich um einen relativ kleinen Druckabfall handelt und der Einfluß der Expansion zunächst bei dem Kompressorventil noch unbekannt ist.

In diesem Fall ist somit der Einfluß eines verschieden großen relativen Druckabfalles in dem Widerstandsbeiwert enthalten. Dies führt jedoch grundsätzlich zu einer falschen Darstellung der $\alpha$-Werte, wenn der Einfluß verschiedener Strömungsgeschwindigkeiten dargestellt werden soll. Um den $\varepsilon_V$-Wert zu ermitteln, ist es also erforderlich, die Versuche sowohl mit einem elastischen Medium, wie etwa Luft, als auch mit einem unelastischen Medium (Wasser) bei gleicher REYNOLDS-Zahl durchzuführen. Vergleichsversuche dieser Art haben nach Angabe von FRENKEL jedoch gezeigt, daß bei den hier vorliegenden Verhältnissen der Expansionsbeiwert eines normalen Kompressorventiles dem einer Normblende entspricht, so daß er entweder aus den Durchflußmeßregeln als Funktion des relativen Druckabfalles sowie des $\varkappa$-Wertes entnommen oder für mäßige Druckabfälle nach der Gleichung $\varepsilon_V = 1 - 0{,}3 \cdot \frac{\Delta p}{p}$ bestimmt werden kann. Für einen relativen Druckabfall von 10% ist dann der $\varepsilon$-Wert 0,97. Diese Übereinstimmung des Expansionsbeiwertes von Blende und Kompressorventil ist dadurch zu erklären, daß beim Kompressorventil ebenso wie bei der Blende infolge der vorhandenen Kanten eine Führung des expandierenden Strahles nicht vorhanden ist. Es besteht auch kein Widerspruch darin, wenn man der gleichwertigen Düse des Ventiles den Expansionsbeiwert einer Blende zuordnet.

Bei der Durchführung solcher Durchflußversuche wird man zunächst den Hub variieren, wobei jedoch dieser durch irgendwelche Beilagen festzulegen ist und nicht durch die Feder bestimmt wird. Die unter dieser Voraussetzung ermittelten Werte gelten also nur für das voll geöffnete Ventil. Wird bei diesen Versuchen die Geschwindigkeit nicht verändert, sondern in der Größe der bei der praktischen Verwendung vorhandenen Werte gewählt (einfacher Versuch), dann erhält man unter Verwendung von Gleichung 1 oder 2 etwa folgenden in Abb. 4 dargestellten Verlauf der $\alpha$ und $\zeta$-Werte, bezogen auf den vereinfachten Sitz- und Hubspaltquerschnitt. In beiden Diagrammen ist als Abszisse das sogenannte *Hubspaltflächenverhältnis* $x = f_{Ho}/f_{So}$ aufgetragen, das gleichzeitig das Verhältnis vom Hub zur doppelten Breite des Sitzspaltes darstellt. Während der auf den Hubspaltquerschnitt bezogene $\zeta$-Wert mit steigendem Hub von rund 2 auf 6 ansteigt, fällt der auf den Sitzspaltquerschnitt bezogene $\zeta$-Wert von rund 40 auf den gleichen Wert 6. Bei $x = 1$ müssen beide Werte denselben Betrag haben. Das Ansteigen des $\zeta_{Ho}$-Wertes zeigt, daß die Strömungseigenschaften des Ventils mit steigendem Hub schlechter werden. Das starke Ansteigen des $\zeta_{So}$-Wertes

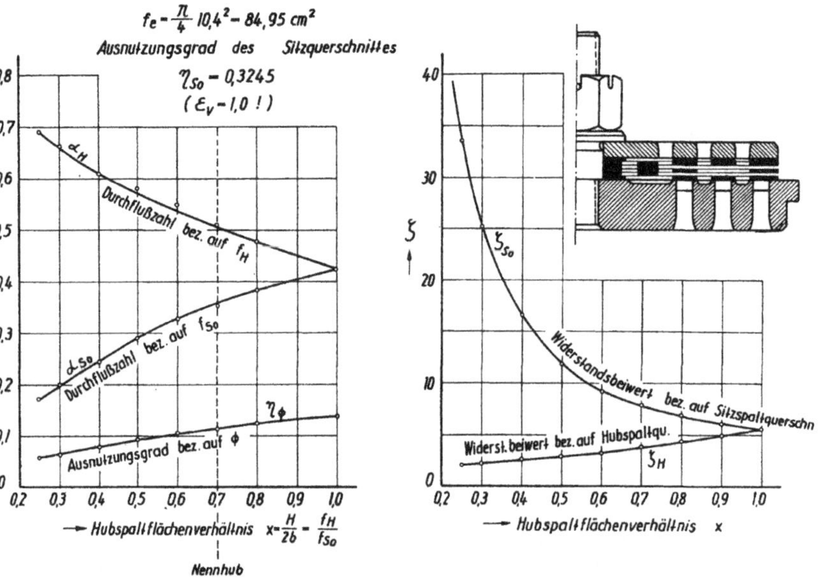


Abb. 4. Durchflußzahl und Widerstandsbeiwert eines Plattenventils in Abhängigkeit vom Hub

mit fallendem Hub ist dadurch bedingt, daß der Widerstandsbeiwert auf die konstante Sitzspaltgeschwindigkeit bezogen wird, während die Hubspaltgeschwindigkeit stark erhöht wird. Die $\alpha$-Werte verlaufen gerade entgegengesetzt; der $\alpha_{Ho}$-Wert fällt von 0,7 auf 0,42, während der $\alpha_{So}$-Wert von 0,18 auf 0,42 ansteigt. Das Ventil, dessen Nennhub bei $x = 0{,}7$ liegt, hat also eine Durchflußzahl $\alpha_{Ho}$ von 0,51 und damit beträgt die äquivalente Düsenfläche 51% des Hubspaltquerschnittes. Durch die Schaffung des Begriffes der äquivalenten Düsenfläche ist es leicht möglich, eine Maßzahl für die Güte eines Ventils hinsichtlich Strömungswiderstand zu bilden, indem man diese Größe ins Verhältnis zum Flächenbedarf, d. h. der Einbaufläche des Ventils setzt.

Man kann sogar noch einen Schritt weiter gehen und nicht nur für diese, sondern auch für die übrigen Querschnittsflächen eines Ventils diesen Quotienten bilden und erhält dadurch Angaben, wie gut die Einbaufläche in den verschiedenen Querschnittsflächen ausgenutzt wird. Die Zusammenhänge sind nochmals in Abb. 5 für das in Abb. 4 gezeigte Ventil dargestellt. Hiernach beträgt die Sitzspaltfläche 32%, die Hubspaltfläche 23% und die Düsenfläche rund 12% der Einbaufläche. Für die so festgelegten und mit $\eta$ bezeichneten Querschnittsverhältnisse wird die Bezeichnung ,,Flächenausnutzungsfaktor" vorgeschlagen. Die Düsenfläche kann dann aus dem Produkt der Einbaufläche, dem Ausnutzungsfaktor für den Sitzspalt, dem Hubspaltflächenverhältnis und der auf die Hubspaltfläche bezogenen Durchflußzahl $\alpha_{Ho}$ berechnet werden nach der Gleichung

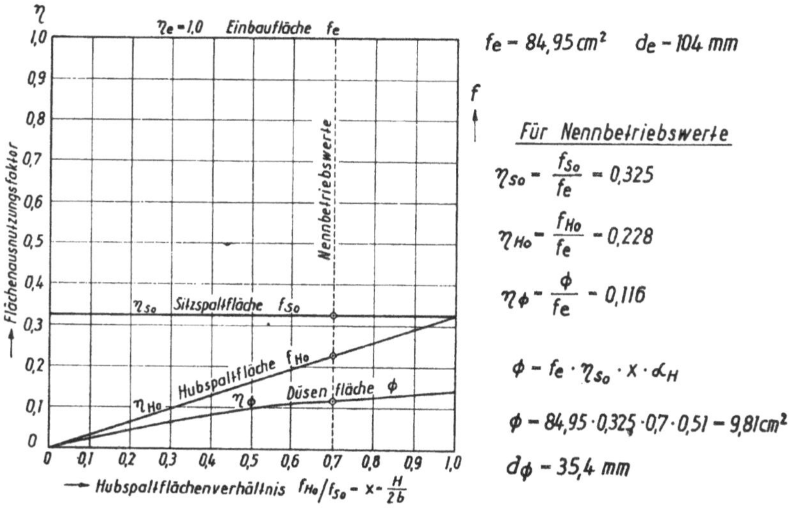


Abb. 5. Flächenausnutzungsfaktoren eines Ringspalt-Ventiles bei verschiedenem Hub

$$\Phi = f_e \cdot \eta_{So} \cdot x \cdot \alpha_{Ho} \,. \tag{7}$$

Bei der Durchführung solcher Strömungsversuche liegt es natürlich nahe, außer dem Hub auch noch die Strömungsgeschwindigkeit zu variieren und dadurch den Einfluß verschiedener Strömungsgeschwindigkeiten auf die Widerstandsbeiwerte bzw. die äquivalente Düse zu ermitteln. Das unmittelbare Meßergebnis einer solchen Strömungsmessung an einem 4-Ring-Spaltventil ist in Abb. 6 angegeben, und zwar wurde links der gemessene Druckverlust über die Sitzspaltgeschwindigkeit $c_{So}$ und rechts über die Hubspaltgeschwindigkeit $c_{Ho}$ bei verschiedenen Hüben dargestellt. In beiden Fällen erkennt man parabelähnliche Kurven, die jedoch bei der Darstellung als Funktion von $c_{Ho}$ wesentlich dichter beieinander liegen, so daß hier wiederum deutlich die Erhöhung des Strömungswiderstandes bei konstanter Geschwindigkeit mit steigendem Hub zu erkennen ist.

Um eine möglichst allgemeingültige Darstellung der Meßergebnisse zu erhalten, ist es nun zweckmäßig, die Größen $\zeta_{Ho}$, $\alpha_{Ho}$ oder $\Phi$ als Funktion der Form der Strömung darzustellen. Bei Strömungen unelastischer Mittel wird hierzu bekanntlich die REYNOLDS-Zahl verwendet, die ein Maßstab für das Verhältnis der vorhandenen Massenkräfte zu den Schubkräften infolge der Zähigkeit der Flüssigkeit darstellt. Je kleiner der Anteil der Schubkräfte an dem Widerstand ist, umso weniger hängt der Strömungswiderstand von der REYNOLDS-Zahl ab. Bei

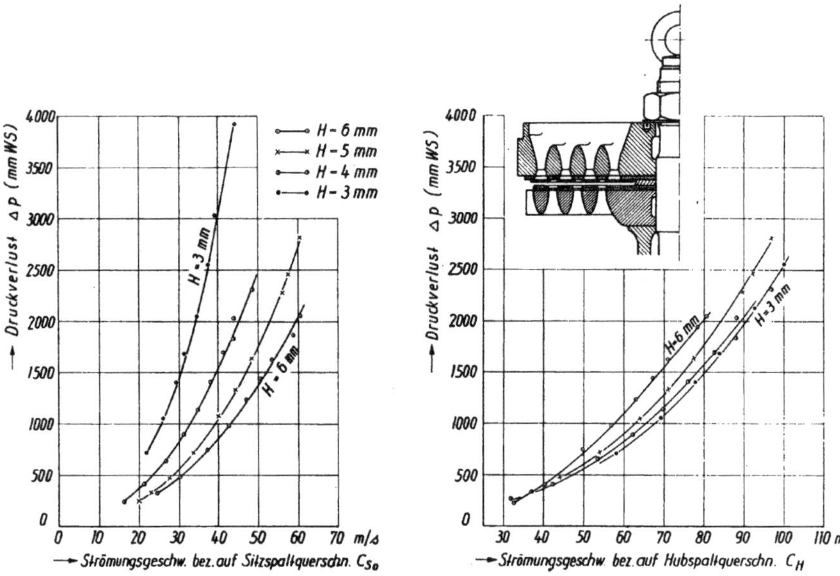


Abb. 6. Strömungs-Meßergebnisse an einem Ringspalt-Ventil bei verschiedenem Hub

elastischen Medien dagegen ist grundsätzlich die vorhandene Strömung nicht nur durch die REYNOLDS-Zahl gekennzeichnet, sondern es muß hier auch noch das Verhältnis der mittleren Strömungsgeschwindigkeit zur Schallgeschwindigkeit, bezeichnet als MACH-Zahl, beachtet werden. Es ist zunächst die Frage zu klären, welche Hauptdimension für die Festlegung der REYNOLDS-Zahl gewählt werden soll.

Bekanntlich ist für $d$ eine markante Länge einzusetzen, wobei oft bei unregelmäßigen Querschnitten auch der hydraulische Durchmesser oder Radius verwendet wird. Für den Sitzspaltquerschnitt $f_{So} = \Sigma\pi\, d_m \cdot b$ ist der hydraulische Radius

$$r_{\text{aeq.}\,b} = \frac{2\,F}{U} = \frac{2 \cdot \Sigma\,\pi\,d_m \cdot b}{2 \cdot \Sigma\,\pi\,d_m} = b. \tag{8}$$

Für die Hubspaltfläche $f_{Ho} = \Sigma\,2\,\pi\,d_m \cdot H$ ist der entsprechende Wert

$$r_{\text{aeq.}\,H} = \frac{2\,F}{U} = \frac{2\,\Sigma\,2\,\pi\,d_m \cdot H}{4\,\Sigma\,\pi\,d_m} = H\,. \tag{9}$$

Es ist

$$Re_b = \frac{c_{m,\,So} \cdot b}{\nu} \quad \text{und} \quad Re_H = \frac{c_{m,\,Ho} \cdot H}{\nu} \tag{10}$$

oder

$$\frac{Re_b}{Re_H} = \frac{c_{m,\,So} \cdot b}{c_{m,\,Ho} \cdot H} = \frac{f_{Ho} \cdot b}{f_{So} \cdot H} = \frac{2\,H\,\Sigma\,\pi\,d_m \cdot b}{b\,\Sigma\pi \cdot d_m \cdot H} = 2\,, \tag{11}$$

also

$$Re_b = 2 \cdot Re_H = Re_{2\,H}\,. \tag{12}$$

Es ist also die auf die Sitzspaltbreite $b$ bezogene Reynolds-Zahl doppelt so groß wie die auf $H$ bezogene Größe. Da die Sitzspaltbreite eine konstante Konstruktionsgröße ist, erscheint es am zweckmäßigsten, den Wert $Re_b$ zu verwenden.

In Abb. 7 ist der Verlauf der $\zeta_{So}$-Werte der Messung nach Abb. 6 über die Reynolds-Zahl bezogen auf $b$ dargestellt, und zwar sowohl unter Berücksichtigung der Expansion sowie auch bei $\varepsilon_V = 1{,}0$. Man erkennt hier deutlich, daß ohne Berücksichtigung der Expansion der $\zeta_{So}$-Wert mit der Reynolds-Zahl ansteigt, was sachlich nicht zutreffen kann, während bei Berücksichtigung der Expansion für alle Hübe der $\zeta$-Wert mit der Reynolds-Zahl noch etwas fällt und wahrscheinlich bei noch größeren Reynolds-Zahlen konstant bleibt. In dem Zusammenhang ist es wichtig, sich einen Überblick zu verschaffen, welche Werte von $Re_b$ bei der praktischen Verwendung in der Maschine auftreten. Für Luft von 1 ata, Geschwindigkeiten von 25···40 m/s, Sitzspaltbreiten $b$ von 4···15 mm und Temperaturen zwischen 20 und 200° C liegt der Wert $Re_b$ zwischen 0,4 und $4 \cdot 10^4$. Da mit steigendem Druck die kinematische Zähigkeit $\nu$ proportional mit dem Druck kleiner wird, verschiebt sich dieser Bereich bei Luft von 10 ata auf $4 \cdots 40 \cdot 10^4$ und bei Luft von 100 ata auf $40 \cdots 400 \cdot 10^4$. Wir erkennen daraus, daß der in Abb. 7 dargestellte Bereich nur für Niederdruckventile gilt. Es ist anzunehmen, daß mit steigender Reynolds-Zahl eine wesentliche Änderung der gemessenen Werte nicht mehr auftritt. Versuche hierüber sind jedoch bisher noch nicht durchgeführt worden. Aus dem vorher Gesagten geht aber hervor, daß es falsch wäre, die Werte für große Reynolds-Zahlen durch Erhöhung der Geschwindigkeit zu erreichen, sondern eine höhere Reynolds-Zahl kann nur durch die Änderung der Abmessungen des Ventils oder der Zähigkeit des beim Versuch verwendeten Mediums erhalten werden. Bei wesentlicher Erhöhung der Geschwindigkeit würde das Verhältnis zur Schallgeschwindigkeit verändert und damit die Mach-Zahl wesentlich heraufgesetzt werden.

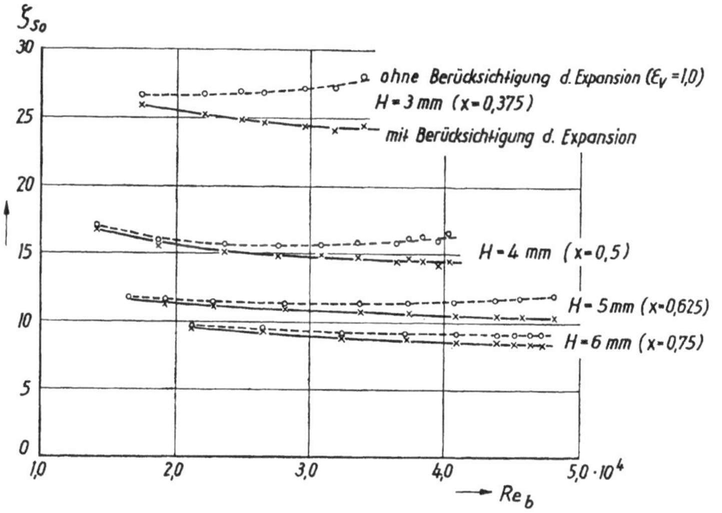


Abb. 7. Widerstandsbeiwert eines 3-Spalt-Ventiles, 630 ⌀ bezogen auf den Sitzspaltquerschnitt bei verschiedenem Hub und $Re$-Zahl

Der $\alpha$-Wert, bezogen auf den Hubspaltquerschnitt, ist für das gleiche Ventil in Abb. 8 dargestellt. Im Gegensatz zum $\zeta_{So}$-Wert liegen hier die Kurven für verschiedene Hübe wesentlich dichter beieinander und zeigen in dem vorliegenden Bereich eine leicht ansteigende Tendenz. Zur allgemeinen Kennzeichnung der Strömungseigenschaften eines Ventils erscheint also die auf den Hubspaltquerschnitt bezogene Durchflußzahl $\alpha_{Ho}$ unter Berücksichtigung des Expansionsbeiwertes am besten geeignet. Wir ersehen im übrigen daraus, daß in dem Bereich zwischen 3···6 mm Hub der $\alpha$-Wert des vorliegenden Ventils zwischen 0,45 und 0,55 liegt.

Neben der versuchsmäßigen Ermittlung der äquivalenten Düsenfläche eines vorliegenden Ventils besteht naturgemäß der Wunsch zu wissen, welche konstruktiven Größen die Durchflußzahl günstig beeinflussen und welche Ausführungsform überhaupt in strömungstechnischer Hinsicht die günstigste Lösung darstellt. Die Beantwortung dieser Fragen ist natürlich

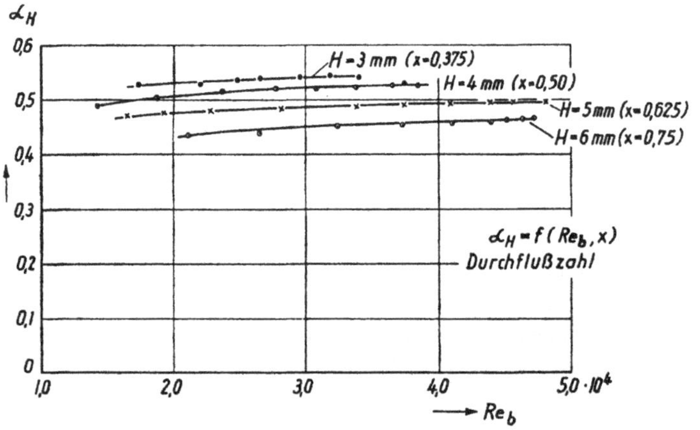


Abb. 8. Durchflußzahl eines 3-Spalt-Ventiles 630 ⌀ bezogen auf den Hubspaltquerschnitt bei verschiedenem Hub und *Re*-Zahl

nur auf Grund systematischer Änderungen der Abmessungen sowie der Verhältnisse der Abmessungen zueinander möglich, zumal auch die Kleinformgebung, insbesondere die Frage der Kantenbrechung, eine nicht unwesentliche Rolle spielt. Durch HOFMANN, FUCHS u. a. wurde zuerst festgestellt, daß der Widerstand umso größer ist, je größer die Anzahl der Ringspalte ist. Auch wurde von KONDRATJEWA diese Frage behandelt und die Durchflußzahl $\alpha$ in mehrere Teilfaktoren aufgelöst, deren Bestimmung mit Hilfe eines Schaubildes möglich ist. Zweifellos den größten Einfluß hat das Hubspaltflächenverhältnis $x$. Um hier eine Übersicht zu bekommen, wurde in Abb. 9 der $\alpha_{H_0}$-Wert für verschiedene Ventile, für die Unterlagen über die Durchflußmengenmessung vorhanden waren, über dem Hubflächenverhältnis aufgetragen. Man erhält naturgemäß ein Streufeld, aus dem die mögliche Streuung zu ersehen ist, erkennt aber eindeutig, daß mit steigendem Hubspaltflächenverhältnis der $\alpha_H$-Wert fällt und bei einem Wert von $x = 0{,}7$ für verschiedene Ausführungen $\alpha_{H_0} \approx 0{,}5$ beträgt. Zum Vergleich wurde auch eine Kurve nach Angabe von FRENKEL eingetragen, die zwar an der oberen Grenze liegt, aber grundsätzlich dieselbe Tendenz zeigt. Wie wesentlich die Werte verändert werden können, ist aus der Angabe von MÜLLER zu ersehen, wonach durch Brechen der Kante am Ventilsitzspalt eine Erhöhung des $\alpha$-Wertes um 12···15% gegenüber scharfkantiger Ausführung eintritt. Weiterhin ist für die Größe der gleichwertigen Düse der Flächenausnutzungsfaktor für den Sitz- bzw. Hubspaltquerschnitt sehr wichtig, der zum Ausdruck bringt, in welchem Maße der Einbauquerschnitt zunächst rein konstruktiv ausgenutzt wird. Der Wert $\eta_{fH}$ wurde als Funktion des Einbaudurchmessers $d_e$ in Abb. 10 für verschiedene Ventilserien verschiedener Hersteller aufgetragen. Auch hier erkennt man, daß besonders bei kleinen Einbaudurchmessern ein wesentlicher Unterschied schon allein in der Ausnutzung der Einbaufläche besteht, daß aber andererseits dieser Ausnutzungsfaktor mit steigendem Einbaudurchmesser ansteigt, wobei durch Wahl eines großen Hubes im Verhältnis zur Sitzspaltbreite eine wesentliche Vergrößerung dieses Wertes möglich ist. Die obere Grenze des Wertes $\eta_{S_0}$ ist gegeben durch die Tatsache, daß auch im Hubfänger ein Abströmungsquerschnitt vorhanden sein soll, der dem Sitzspaltquerschnitt entspricht. Man kann als

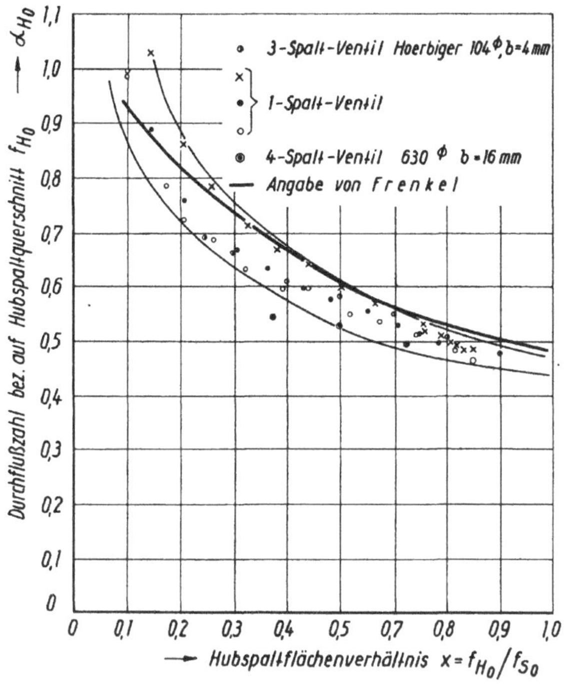


Abb. 9. $\alpha_{Ho}$-Werte in Abhängigkeit vom Hubspaltflächenverhältnis $x$

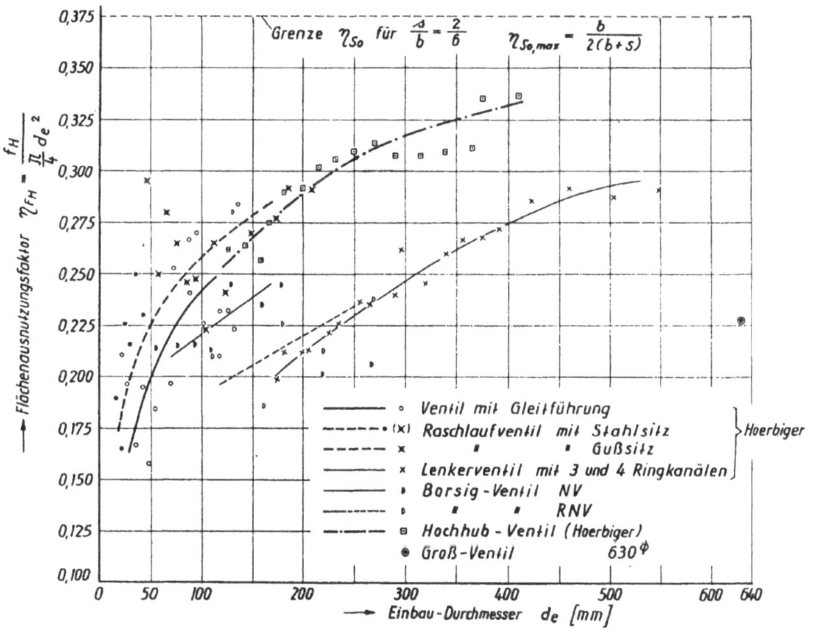


Abb. 10. Flächenausnutzungsfaktor der Hubspaltfläche für Ringspalt-Ventile verschiedener Größe und Ausführung

Ergebnis der in Abb. 10 dargestellten Zusammenhänge die Schlußfolgerung ziehen, daß es günstig ist, einen insgesamt notwendigen Strömungsquerschnitt in möglichst großen Baueinheiten auszuführen, d. h. also wenig Ventile mit möglichst großem Durchmesser zu wählen. Es darf jedoch in diesem Zusammenhang nicht unerwähnt bleiben, daß zunächst rein erfahrungsgemäß die Gefahr des Ventilplattenbruches mit steigendem Plattendurchmesser ansteigt und infolgedessen der Hub in diesem Falle nicht zu groß gewählt werden darf.

Zur Beurteilung der Frage, welche Ventilkonstruktion die günstigsten Strömungseigenschaften aufweist, wurden in Abb. 11 einige Angaben von FRENKEL systematisch einander gegenübergestellt. Es wurden 6 verschiedene Ventilformen verglichen, bei denen die ersten 4 eine gleiche Einbaufläche aufweisen. Die Vergleichsobjekte sind zunächst das sogenannte Näpfchenventil, ein Tellerventil mit 14 mm Bohrungsdurchmesser, das von der Firma Junkkers für die Verwendung in den sogenannten Freikolbenverdichtern entwickelt wurde (siehe auch Abb. 2). Als 2. und 3. Ventil sind zwei Streifenventile angeführt, bei denen das eine ohne Feder, das zweite mit einer zusätzlichen Belastungsfeder versehen ist. An vierter Stelle ist das von der Niichimmasch entwickelte Geradstromventil aufgeführt, während die beiden letzten Angaben sich auf ein Schlitzplatten- bzw. ein 3-Ring-Ventil beziehen. Neben den

| Bauart des Ventils | Breite der Sitz-spalte<br>$b$ mm | Hub der Ventil-platte<br>$H$ mm | Einbau-Fläche $f_e$<br>cm² | Sitzspalt-Fläche $f_{s0}$<br>cm² | Hubspalt-Fläche $f_H$<br>cm² | Äquiv. Düsen-Fl. $\phi$<br>cm² | Flächenausnutzungsfaktor der Sitzspalt-Fläche $\eta_{f_s}$ | Flächenausnutzungsfaktor der Hubspalt-Fläche $\eta_{f_H}$ | Flächenausnutzungsfaktor der äquiv. Düse $\eta_\phi$ |
|---|---|---|---|---|---|---|---|---|---|
| Näpfchen-Ventil Bauart Junckers | 9 × 14 $\phi$ | ~ 2,0 | 57,44 | 13,9 | ~10,0 | 9,0 | 0,243 | 0,174 | 0,157 |
| Streifen-Ventil ohne Feder | 4 × 7 mm 80 lg | 0,2..2,7.0,2 ≈ 1,5 | 57,44 | ~22,4 | ~ 24,0 | 10,0 | 0,39 | 0,42 | 0,174 |
| Streifen-Ventil mit Feder | 4 × 7 mm 80 lg | 1,0.3,0..1,0 ≈ 2,1 | 57,44 | ~22,4 | 34,0 | 11,3 | 0,39 | 0,59 | 0,197 |
| Geradstrom-Ventil (Niichimasch) | — | max 1,4 | 57,44 | — | — | 11,8 | — | — | 0,206 |
| Einplatten-Ring-Ventil | 6,0 | 2,45 | 35,20 = 67 $\phi$ | 9,43 | 7,7 | 5,3 | 0,268 | 0,219 | 0,150 |
| Dreiplatten-Ring-Ventil | 6,0 | 2,45 | 154,0 = 140 $\phi$ | 48,1 | 39,3 | 27,4 | 0,313 | 0,255 | 0,178 |

Abb. 11. Flächenausnutzung verschiedener Ventilbauarten (n. FRENKEL)

verschiedenen in Abb. 11 angegebenen Vergleichswerten interessiert vor allen Dingen der Flächenausnutzungsfaktor der Sitz- und Hubspaltfläche sowie der äquivalenten Düse. Wie man erkennt, ist bei den Streifenventilen die Einbaufläche relativ gut ausgenutzt, weil bei dieser Anordnung der Platz für den Mittelbolzen nicht benötigt wird, d. h. eine größere Fläche untergebracht werden kann. Der Ausnutzungsfaktor der Sitzspaltfläche ist dagegen bei dem in viele kleine Einheiten eingeteilten Junckers-Ventil relativ niedrig. Der Flächenausnutzungsfaktor für die Hubspaltfläche ist bei dem Streifenventil mit Feder sehr groß, weil dieses Ventil mit einem relativ hohen Hub ausgeführt ist, so daß die Hubspaltfläche sogar größer als die Sitzspaltfläche ist. Der Flächenausnutzungsfaktor der äquivalenten Düse liegt zwischen 0,15 und 0,206, er ist also für das Geradstromventil am größten und für das Einplattenringventil und Näpfchenventil am kleinsten. Der Gesamtunterschied zwischen den Ventilen ist jedoch nicht sehr erheblich.

Wir betrachten nunmehr den Ventilwiderstand bei teilweise geöffnetem Ventil und eingebauter Feder, der, wie wir schon feststellten, wesentlich durch die Federkraft und als Funktion des Hubes durch die Charakteristik der Feder bestimmt ist. Die Messung kann in verschiedener Weise erfolgen. Am einfachsten erscheint es, das Ventil mit eingebauter Feder zu untersuchen, wobei neben dem Druckverlust der Hub der Platte sowie die Federkraft genau bestimmt werden müssen. Eine solche Versuchsanordnung führt jedoch leicht zu Schwierigkeiten, da sehr oft die Platte anfängt in Schwingungen zu geraten und außerdem der Hub und die Federkräfte nicht sehr genau bestimmt werden können. Etwas günstiger liegen die Verhältnisse, wenn man die Feder durch eine von außen aufgebrachte konstante Gegenkraft in Form eines Belastungsgewichtes ersetzt und somit sozusagen die von der Ventilplatte ausgeübte Strömungskraft auswiegt. Hierdurch ist eine genaue Messung des Hubes möglich und kann eine zusätzliche Dämpfungseinrichtung vorgesehen werden, die das Auftreten von Schwingungen verhindert. Das Ergebnis einer Meßreihe mit verschiedenen konstanten Gegenkräften ermöglicht dann die Bestimmung der Charakteristik für jede beliebige Ventilfeder. Das Ergebnis solcher Messungen kann in verschiedener Weise dargestellt werden. Die einfachste Darstellung ist die Angabe der äquivalenten Düsenfläche als Funktion des Druckunterschiedes am Ventil (s. Abb. 12). Bei linearer Federcharakteristik wächst im allgemeinen die äquivalente Düsenfläche etwa proportional mit dem Druckunterschied am Ventil. Hat die Feder keine Vorspannung, so erhält man als Ergebnis etwa die Kurve *a* in Abb. 12. Bei gleicher Kraft der gespannten Feder verschiebt sich diese Linie in die Lage *b*, wenn die Feder etwas vorgespannt ist. Die Kurve *d* zeigt den Verlauf bei einer starken Feder mit geringer Vorspannung und die Situation *c* erhält man, wenn eine relativ große Vorspannung gewählt werden muß und die Feder eine weiche Charakteristik hat, so daß der Unterschied der Federkraft zum offenen und geschlossenen Ventil relativ gering ist. Diese Verhältnisse liegen z. B. vor, wenn ein Ventil mit großen zylindrischen Ringfedern aus Flachstahl ausgerüstet ist. Ist das Ventil undicht, dann tritt bereits ein Durchfluß ein, ohne daß die Ventilplatte angehoben wird, was durch die Kurve $b_1$ angedeutet ist.

Einen wesentlich besseren Einblick in die Zusammenhänge erhält man bei der Darstellung der Versuchsergebnisse einer Meßanordnung mit einstellbarer Gegenkraft. Der Verlauf der Kurven in Abb. 12 ist gegeben durch die Gleichgewichtsbedingung zwischen der Federkraft und der von dem strömenden Medium auf die Ventilplatte ausgeübten Strömungskraft. Damit erkennen wir, daß diese Größe für das Arbeiten des Ventils sehr wichtig ist und neben

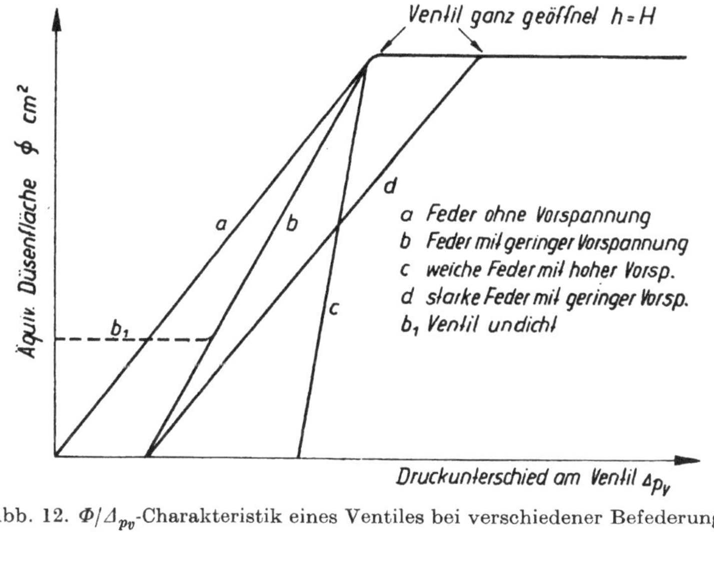


Abb. 12. $\Phi/\Delta_{p_v}$-Charakteristik eines Ventiles bei verschiedener Befederung

dem Druckverlust ermittelt werden muß. Um eine Verbindung zwischen der Strömungskraft und dem Druckverlust zu erhalten, ist es zunächst zweckmäßig, diese Strömungskraft auf eine Fläche zu beziehen und dadurch in den „Strömungsdruck" umzuwandeln. Bislang wurde meistens die von der Feder auf die Platte ausgeübte Federkraft als sogenannte „Plattenbelastung" auf die Plattenfläche bezogen. Da diese aber größer ist als der Sitzspaltquerschnitt, ist es zweckmäßiger, die Strömungskraft auf diesen zu beziehen und zu definieren

$$\text{Strömungsdruck } p_{\text{Str}} = \frac{P_{\text{Str}}}{f_{So}}.$$

In Abb. 14 wurden die Ergebnisse solcher Messungen an einem Einspaltversuchsventil nach Abb. 13 dargestellt, und zwar für einen Strömungsdruck von 600 und 940 mm Wassersäule. Dieser Strömungsdruck entspricht bei der vorliegenden Breite der Ventilplatte einer Platten-

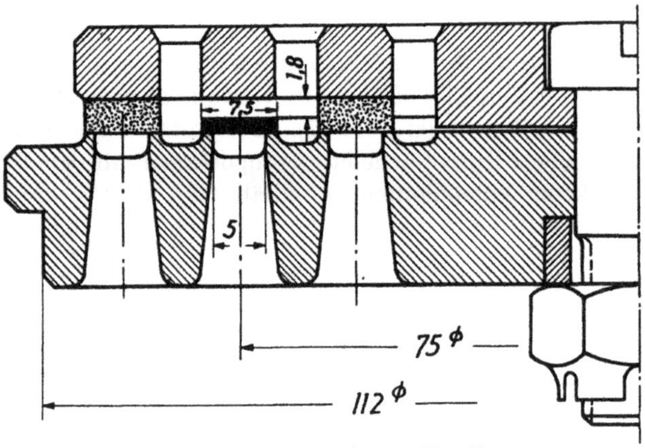


Abb. 13. Versuchs-Platten-Ventil

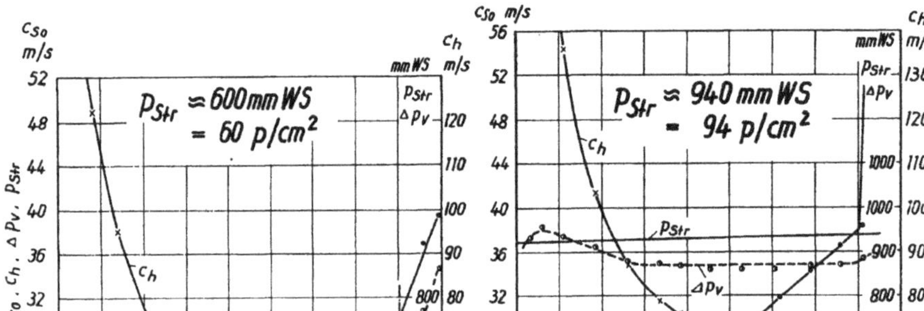


Abb. 14. Strömungs-Meßergebnis an einem 1-Spalt-Versuchs-Ventil

belastung von rund 40 bzw. 60 p/cm². Aufgetragen wurde über den Hub der Ventilplatte der Verlauf der beiden Geschwindigkeiten $c_H$ und $c_{So}$, der Druckverlust sowie der Strömungsdruck, der infolge der Anordnung der Belastungseinrichtung etwas mit dem Hub der Ventilplatte steigt. Die auf die Ventilsitzspaltfläche bezogene Geschwindigkeit steigt mit steigendem

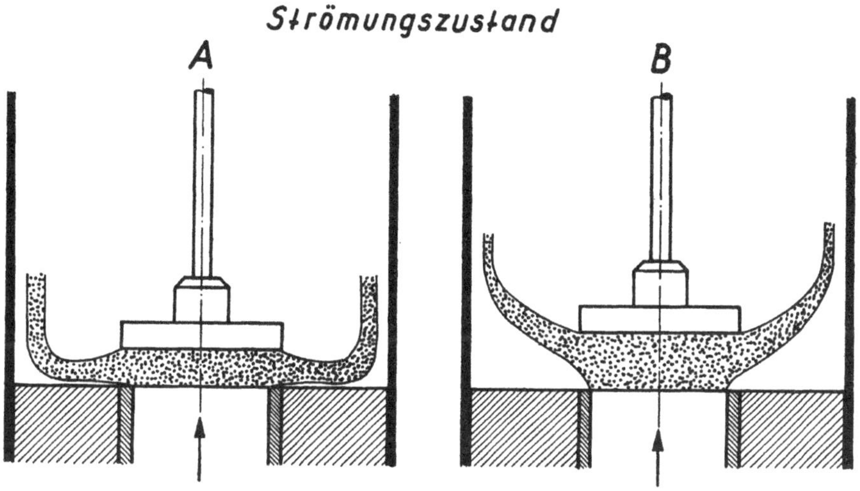


Abb. 15. Strömungsformen am Tellerventil (n. SCHRENK)

Hub, während umgekehrt die auf den Hubspalt bezogene Geschwindigkeit fällt. Dabei fällt auf, daß der Verlauf beider Kurven bei einem Wert $h = 0{,}5$ mm einen Knick aufweist; dasselbe trifft auch für den Wert $\Delta p_V$ zu. Oberhalb eines Hubes von 0,5 mm ist der Druckunterschied praktisch konstant, während er unterhalb dieses Wertes zunächst ansteigt und dann wieder fällt. Diese Änderung der dargestellten Werte im unteren Hubbereich deutet zweifellos darauf hin, daß die Strömungsform bis zu einem Hub von 0,5 mm anders ist als oberhalb dieses Wertes. Eine gleiche Erscheinung zeigte sich bei den Strömungsuntersuchungen, die von SCHRENK an Tellerventilen für Kolbenpumpen durchgeführt wurden. Wie in Abb. 15 dargestellt ist, legt sich bei einem kleinen Hub der aus dem Hubspalt tretende Strahl an den Sitz an und wird erst durch die äußere Führungswand umgelenkt. Bei hohem Hub dagegen tritt sofort eine Ablösung des Strahles ein. Beide Strömungszustände waren bei dem Versuch von SCHRENK in einem Übergangsgebiet labil, so daß in diesem Gebiet die eine oder andere Strömungsform auftreten konnte. Es ist anzunehmen, daß auch beim Kompressorventil ähnliche Verhältnisse vorhanden sind. Die wichtigsten Größen, die aus den vorliegenden

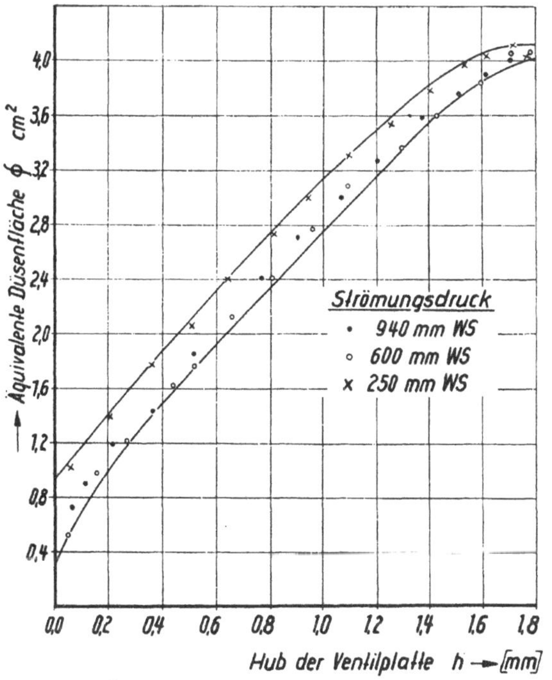


Abb. 16. Äquivalente Düsenfläche eines 1-Spalt-Versuchs-Ventiles bei verschiedenem Hub

Versuchen gewonnen werden können, sind die äquivalente Düsenfläche als Funktion des Plattenhubes bei einem gegebenen Strömungsdruck sowie die Größe des Strömungsdruckes und das Verhältnis des Strömungsdruckes zum Druckunterschied. In Abb. 16 ist für das Versuchsventil die Düsenfläche angegeben für drei verschiedene Strömungsdruckwerte. Man erkennt, daß die Düsenfläche nicht nur vom Hub der Ventilplatte sondern auch vom Strömungsdruck in geringem Maße abhängt, wobei einem niedrigen Strömungsdruck eine größere Düsenfläche entspricht.

In Abb. 17 wurde das „Strömungsdruckverhältnis" $\varrho = \frac{p_{Str}}{\Delta p_V}$ über den Hub der Ventilplatte aufgetragen. Dieser Wert ist im oberen Hubbereich für einen gegebenen Strömungsdruck ungefähr konstant. Im unteren Druckbereich fällt der Wert infolge der erwähnten Änderung der Strömungsform. Ob und wie weit die hier angegebenen Werte als auch der

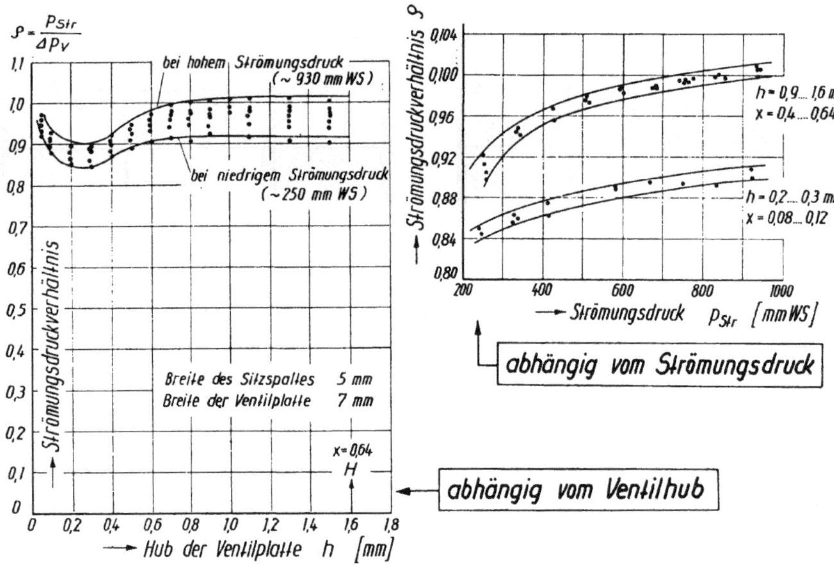


Abb. 17. Abhängigkeit des Strömungsdruckverhältnisses für ein 1-Spalt-Versuchs-Ventil

Verlauf allgemein gültig ist, kann noch nicht gesagt werden, da sich diese Ergebnisse zunächst nur auf ein einzelnes Ventil beziehen. Es ist wahrscheinlich, daß bei einem Mehrspaltventil und naturgemäß bei relativ breiten Ventilplatten der Wert $\varrho$ sich etwas nach oben verschiebt. Dieser Wert des Strömungsdruckverhältnisses eines Ventils im oberen Hubbereich ist eine wichtige Größe für die Bemessung der Federkraft.

Nachdem nun die Werte des Strömungswiderstandes eines Ventils bekannt sind und am zweckmäßigsten in der Größe der gleichwertigen Düse angegeben werden, kann die wichtigste Frage nach dem Arbeitsmehraufwand in der Maschine in Angriff genommen werden. Während eines Arbeitsspieles des Ventils sind drei Perioden zu unterscheiden: Das Öffnen, das vollkommen geöffnete Ventil und das Schließen. Während des Öffnungs- und Schließvorganges ändert sich die Düsenfläche des Ventils, während sie bei voll geöffnetem Ventil konstant bleibt. Zur Vereinfachung der Rechnung wird zunächst angenommen, daß die Öffnungs- und Schließzeit gegenüber der Zeit, während der das Ventil vollkommen geöffnet ist, relativ klein ist und für die Rechnung vernachlässigt werden soll, d. h. also, es wird angenommen, daß das Ventil plötzlich bei Gleichheit der Drücke im Zylinder und Ventilraum voll geöffnet und plötzlich am Hubende schließt. Während dieser Öffnungszeit des Ventils ist die Strömungsgeschwindigkeit durch das Ventil verschieden und im wesentlichen bedingt durch die Kolbenfläche und Kolbengeschwindigkeit. Im allgemeinen ist bisher dieser Verlauf und der dadurch bedingte veränderliche Druckabfall im Ventil bestimmt worden unter der Annahme, daß die Dichte konstant ist, also unter der Annahme eines inkompressiblen Mediums. Wie zuerst von dem sowjetischen Akademiker Dolleschal gezeigt worden ist, führt diese Annahme insbesondere bei höheren Ventilgeschwindigkeiten zu einem falschen Ergebnis.

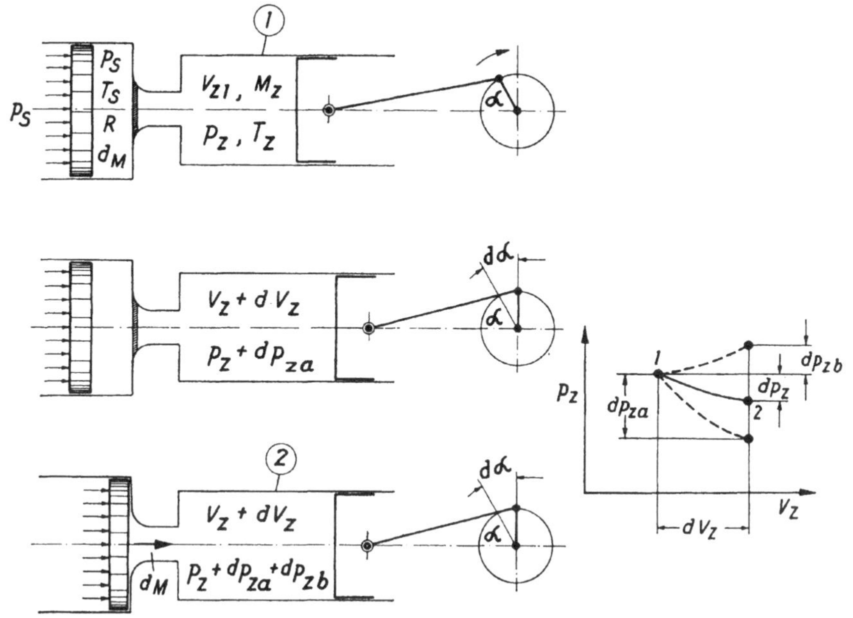


Abb. 18. Zur Erläuterung der Differentialgleichung von Dolleschal u. Frenkel für den Ansaugvorgang eines Kolbenverdichters

Die durch die vorliegende Frage gestellte Aufgabe lautet etwa folgendermaßen: Wie ändert sich der Druckverlauf in einem Zylinderraum, wenn z. B. beim Ansaugvorgang durch die Bewegung des Kolbens der Zylinderraum ständig vergrößert wird, während gleichzeitig durch eine vorhandene Öffnung Gas von dem Zustand vor dem Zylinder in diesen einströmen kann? Die von Dolleschal aufgestellte Differentialgleichung wurde von Frenkel in eine dimensionslose Form übergeführt, die ihre praktische Anwendung wesentlich erleichtert.

In Abb. 18 ist die grundlegende Situation, aus der die Differentialgleichung z. B. für den Ansaugvorgang hervorgeht, erläutert.

Bei der Kurbelstellung $\alpha$ ist in dem Zylinder die Gasmenge $M_Z$ mit dem Zustand $V_{Z1}$, $p_{Z1}$ vorhanden, während vor der noch geschlossenen Düsenöffnung $\Phi$ eine Menge dM mit dem Zustand $T_S$, $p_S$ sich befindet. Bei der Vergrößerung des Kurbelwinkels um $d\alpha$ treten gleichzeitig zwei Vorgänge auf, die aber nacheinander betrachtet werden können. Ist die Düse noch geschlossen, so fällt der Druck im Zylinder um $dp_{Z_a}$ infolge der Volumenvergrößerung um $dV_Z$. Diese Druckänderung kann als isentrop betrachtet und nach der Differentialgleichung für die Isentrope (Adiabate) berechnet werden. Wird dann die Düse geöffnet, so strömt die Menge dM unter Wirkung der Druckdifferenz $p_a - p_Z$ ein (Drosselvorgang), wodurch der Zylinderdruck um $dp_{Z_b}$ steigt. Dieser Wert kann nach dem 1. Hauptsatz und der Strömungsgleichung für mäßige Druckunterschiede bestimmt werden. Die gesamte Druckänderung ist

$$dp_Z = p_{Z2} - p_{Z1} = dp_{Z,a} + dp_{Z,b} \,. \tag{13}$$

Es ist nun zweckmäßig, nicht mit absoluten Größen, sondern mit dimensionslosen Relativgrößen zu rechnen und den *relativen Druckunterschied* einzuführen. Dieser ist

für den Saug-Vorgang $$\delta_S = \frac{p_S - p_Z}{p_S}, \tag{14}$$

für den Ausschub-Vorgang $$\delta_D = \frac{p_Z - p_D}{p_D}. \tag{15}$$

Die Differentialgleichung für den Saug-Vorgang nach FRENKEL-DOLLESCHAL lautet dann zunächst

$$\delta_S' = \frac{d\delta_S}{d\alpha} = \varkappa(1 - \delta_S)\frac{f'(\alpha)}{f(\alpha)} - \frac{\sqrt{2\,\varkappa} \cdot \Phi \cdot \varepsilon_v \cdot \sqrt{\delta_S} \cdot \sqrt{\varkappa \cdot R \cdot T_S}}{F_K \cdot r \cdot \omega \cdot f(\alpha)}. \tag{16}$$

Hierin sind:

| | |
|---|---|
| $\varkappa$ | der Exponent der Isentrope, |
| $R$ | die Gaskonstante des geförderten Gases, |
| $r$ | der Kurbelradius, |
| $F_K$ | die Kolbenfläche, |
| $\varepsilon_v$ | der Expansionsbeiwert des Ventils, |
| $f(\alpha)$ | die Abhängigkeit der Zylinderraumlänge |
| $f'(\alpha)$ | vom Kurbelwinkel und deren Ableitung. |

Berücksichtigt man die endliche Länge der Schubstange, dann sind zwei verschiedene Funktionen zu verwenden; für die Deckel-Seite gilt

$$f_{DS}(\alpha) = 2\,\varepsilon_M + 1 - \cos\alpha + \frac{\lambda}{2}\sin^2\alpha,$$

$$f'_{DS}(\alpha) = \sin\alpha + \frac{\lambda}{2}\sin 2\alpha;$$

für die Kurbel-Seite gilt

$$f_{KS}(\alpha) = 2\,\varepsilon_M + 1 - \cos\alpha - \frac{\lambda}{2}\sin^2\alpha,$$

$$f'_{KS}(\alpha) = \sin\alpha - \frac{\lambda}{2}\sin 2\alpha.$$

Das erste Glied ist bedingt durch die Volumenvergrößerung des Zylinders, das zweite noch nicht dimensionslos erscheinende Glied durch den Einströmvorgang. Der Ausdruck $\sqrt{\varkappa \cdot R \cdot T_S}$ ist bekanntlich der Wert der Schallgeschwindigkeit des geförderten Mittels beim Zustand vor dem Ventil. Zwischen den Größen $F_K$, $r$, $\omega$ und $\Phi$ kann man die bekannte und bisher stets benutzte Kontinuitätsgleichung aufstellen:

$$c_{\Phi,m} \cdot \Phi = c_{K,m} \cdot F_K = 2 \cdot \frac{r \cdot \omega}{\pi} \cdot F_K,$$

$$c_{\Phi,m} = \frac{2\,F_K \cdot r \cdot \omega}{\pi \cdot \Phi}, \tag{17}$$

worin $c_{\Phi,m}$ die mittlere Strömungsgeschwindigkeit im Düsenquerschnitt $\Phi$ bezogen auf die mittlere Kolbengeschwindigkeit bedeutet. Der bisher allgemein benutzte Begriff der „mittleren Ventilgeschwindigkeit“ ist also nicht mehr auf die Hubspalt- oder Sitzspaltfläche zu beziehen, sondern auf die äquivalente Düsenfläche. Das Verhältnis dieses Wertes zur Schallgeschwindigkeit $c_{Sch}$ ist eine dimensionslose Größe, die bekanntlich als MACH-Zahl bezeichnet wird.

Die MACH-Zahl der Ventilströmung im Saug-Ventil ist somit

$$Ma_S = \frac{c_{\Phi, m, S}}{c_{Sch, S}} = \frac{c_{\Phi, m, S}}{\sqrt{\varkappa \cdot R \cdot T_S}} \tag{18}$$

und, wie wir sehen werden, die maßgebliche Größe für die Auslegung des Ventiles. Mit diesen Werten lautet dann die endgültige Form der Differentialgleichung für das Ansaugen

$$\delta_S' = \varkappa\,(1 + \delta_S) \cdot \frac{f'(\alpha)}{f(\alpha)} - \frac{2 \cdot \sqrt{2\,\varkappa} \cdot (1 - 0{,}3\,\delta_S)\sqrt{\delta_S}}{\pi \cdot Ma_S \cdot f(\alpha)} . \tag{19}$$

Für das Ausschieben durch das Druckventil lautet dann die Diff.-Gleichung

$$\delta_D' = -\varkappa\,(1 + \delta_D) \frac{f'(\alpha)}{f(\alpha)} - \frac{2 \cdot \sqrt{2\,\varkappa}\left(1 - 0{,}3\,\frac{\delta_D}{1 + \delta_D}\right) \cdot (1 + \delta_D)^{\frac{2\varkappa - 1}{2\varkappa}} \cdot \sqrt{\delta_D}}{\pi \cdot Ma_D \cdot f(\alpha)} . \tag{20}$$

Je nach Lage des Zylinders (D. S. oder K. S) sind auch hier die entsprechenden Funktionen $f(\alpha)$ einzusetzen, so daß insgesamt vier Differential-Gleichungen vorhanden sind. Die MACH-Zahl der Druckventil-Strömung ist natürlich

$$Ma_D = \frac{c_{\Phi, m, D}}{\sqrt{\varkappa \cdot R \cdot T_D}} . \tag{21}$$

Rechnet man für ein N. Dr.-Ventil bisher mit einer mittleren Strömungsgeschwindigkeit im Ventilspalt von etwa 50 m/s, dann beträgt der auf den Düsenquerschnitt $\Phi$ bezogene Wert $c_{\Phi, m}$ rd. 100 m/s, wenn die Durchflußzahl $\alpha$ mit 0,5 eingeschätzt wird. Die Schallgeschwindigkeit für Luft bei Umgebungstemperatur beträgt etwa $c_{Sch} = 350$ m/s. Dann beträgt die MACH-Zahl

$$Ma_S = \frac{100}{350} = 0{,}285 . \tag{22}$$

Die praktisch auftretenden MACH-Zahlen liegen etwa zwischen 0,2 und 0,3; sofern nicht gerade reiner Wasserstoff als Fördermittel vorhanden ist.

Die Lösung dieser Gleichung ist auf analytischem Wege leider nicht möglich, sondern es muß hierzu irgendein praktisch numerisches Verfahren angewendet werden. Der zwar ungenaueste aber einfachste Weg, der gleichzeitig einen vollständigen Überblick über sämtliche Lösungskurven ergibt, ist die Lösung mit Hilfe der Neigungslinien. Sie besteht darin, daß man für beliebige Wertepaare $\delta$ und $\alpha$ und gegebene MACH-Zahl die Neigung, d. h. also die linke Seite der Gleichung ausrechnet und diesen Wert als kurze Neigungsgerade in einem rechtwinkligem $\delta/\alpha$-Koordinatensystem einträgt. Die gesuchte Funktion $\delta$ von $\alpha$ muß dann entsprechend den ermittelten Neigungen verlaufen und hängt von der gewählten Anfangsbedingung ab. Das nicht vollständig ausgezeichnete Ergebnis einer solchen Rechnung ist in Abb. 19 für den Wert $Ma_S = 0{,}5$ und den Saugvorgang auf der Deckelseite und die Lösungen soweit dargestellt, als die praktisch von Interesse sind. Die einfachste Grenzbedingung ist vorhanden, wenn der Querschnitt $\Phi$ bereits beim Kurbelwinkel $\alpha_0 = 0°$ geöffnet ist. Es ergibt sich dann die unterste bei 0° beginnende Kurve der dargestellten Kurvenschar. Öffnet das Saugventil, wie es praktisch durch die Rückexpansion im Zylinder bedingt ist, erst bei einem Kurbelwinkel $\alpha_0 > 0°$, z. B. bei 50°, dann gilt für den Verlauf des relativen Druckunterschiedes die bei 50° beginnende Kurve, die wie man sieht, sich allmählich der für 0° geltenden Druckkurve nähert und diese kurz vor Hubende erreicht. Die mit $\gamma = \text{const}$ bezeichnete fast symmetrische Kurve gilt wie angegeben unter der Voraussetzung, daß nicht ein elastisches, sondern ein starres Fördermedium vorhanden ist. Wie man sieht, ist der Einfluß der Elastizität des Fördermediums bei der hier vorliegenden MACH-Zahl recht erheblich und ergibt einen wesentlich geringeren Höchstwert des relativen Druckunterschiedes. Bemerkenswert ist ferner noch, daß in dem vorliegenden Falle am Hubende, d. h. also bei $\alpha = 180°$ noch ein

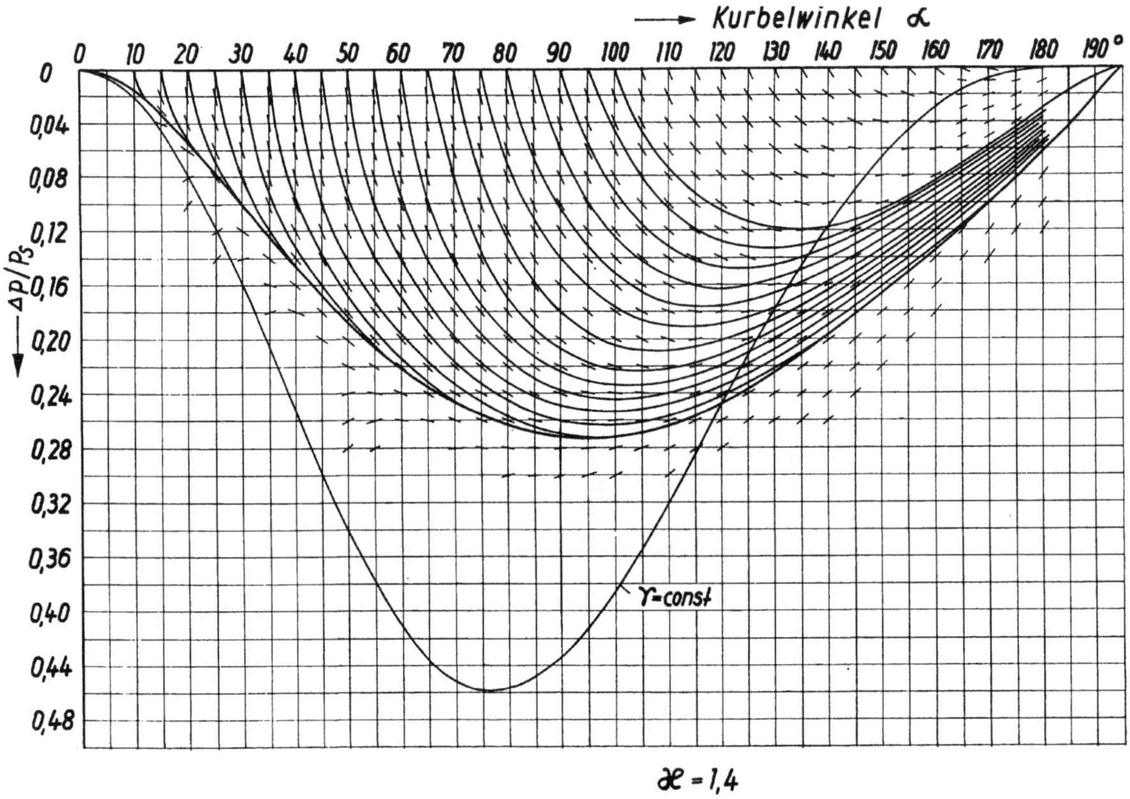


Abb. 19. Kurven des relativen Druckunterschiedes für das Ansaugen ($Ma_S = 0{,}5$; Deckel-Seite)

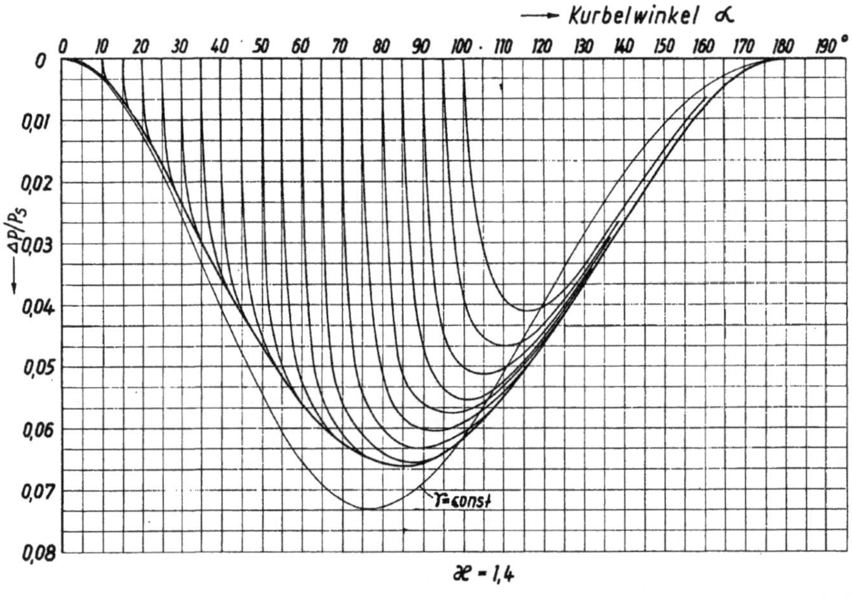


Abb. 20. Kurven des relativen Druckunterschiedes für das Ansaugen ($Ma_S = 0{,}2$; Deckel-Seite)

Unterdruck im Zylinder vorhanden ist und dieser erst bei 195° verschwindet. Die Neigungslinien unterhalb der Grundkurve ($\alpha_0 = 0°$) haben für unseren Zweck keine Bedeutung. Man könnte aber an Hand der natürlich für das gesamte Zustandsfeld zu bestimmenden Neigungslinien auch feststellen, wie etwa der Druckverlauf ist, wenn bei Beginn des Hubes bereits ein Unterdruck im Zylinder vorhanden ist und nun ebenfalls der Querschnitt $\Phi$ bei gleichzeitigem Saugvorgang des Kolbens geöffnet wird.

In Abb. 20 sehen wir die gleichen Kurven, jedoch dargestellt für eine Mach-Zahl von 0,2 mit allerdings gegenüber Abb. 19 wesentlich größerem Maßstab des relativen Druckunterschiedes. Der Unterschied gegenüber dem Druckverlauf bei inkompressiblem Medium ist wesentlich geringer und in diesem Fall ist auch bereits am Hubende kein Unterdruck mehr vorhanden. Die Grundkurven ($\alpha_0 = 0°$) für verschiedene *Ma*-Werte sind in Abb. 21 angegeben, aus dem man erkennt, daß das Maximum sich mit steigendem *Ma*-Wert nach rechts verschiebt und bei Mach-Zahlen praktisch unter 0,3 der Druckausgleich am Hubende erreicht ist.

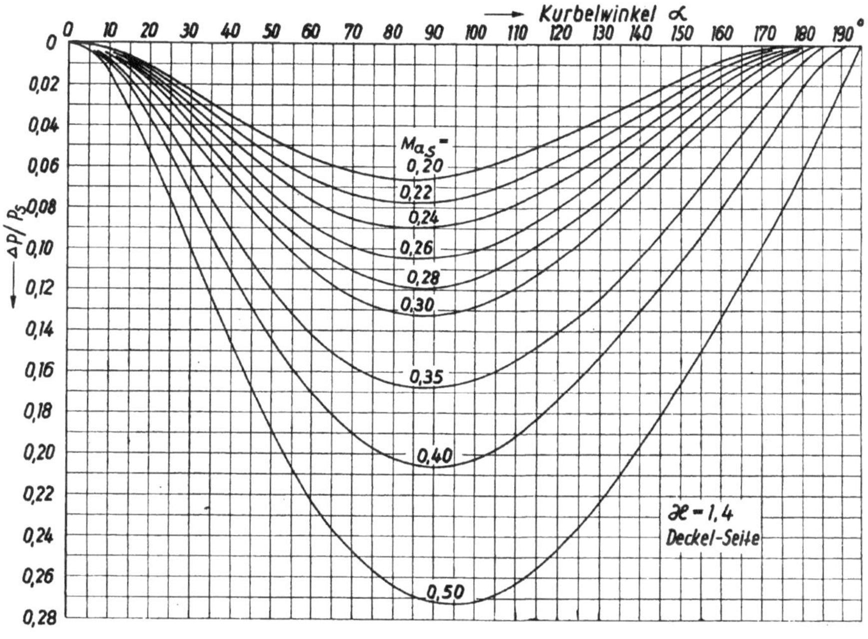


Abb. 21. Kurven des relativen Druckunterschiedes für das Ansaugen bei verschiedenen Mach-Zahlen (Deckel-Seite)

Für unser Ziel, nämlich die Ermittlung des Arbeitsmehraufwandes beim Ansaugen und Ausschieben, ist es notwendig, die Kurven nicht als Funktion des Kurbelwinkels, sondern als Funktion des Kolbenweges, d. h. also über den Hub aufzutragen. Dies ist für den Wert $Ma_S = 0{,}5$ und den Saugvorgang in Abb. 22 geschehen, in dem allerdings noch neben dem Kolbenweg auch die gleichzeitig geltenden Kurbelwinkel auf der oberen Abszisse angegeben sind. Die äußere Form der ermittelten Kurven ändert sich dadurch erheblich, wobei das Maximum dieser Werte sich mehr nach dem Hubende zu verschiebt.

Einen vollständigen Überblick für den Saug- und Ausschubvorgang für verschiedene Mach-Zahlen zeigt Abb. 23 in dem jedoch nur die über den ganzen Hub geltenden Kurven angegeben sind. Es stellt gleichzeitig sozusagen ein theoretisches Leerlaufdiagramm für verschiedene Ventilquerschnitte dar. Man erkennt an dem Verlauf dieser Kurven die Ähnlichkeit der praktisch bei Leerlauf der Maschine aufgenommenen Diagramme und sieht, daß die bei sol-

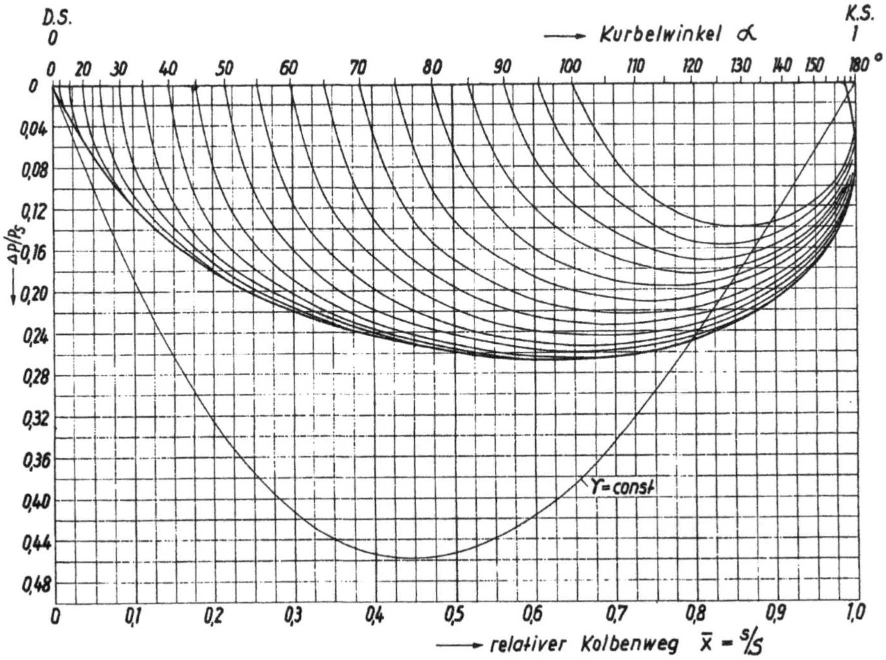


Abb. 22. Kurven des relativen Druckunterschiedes für das Ansaugen als Funktion des relativen Kolbenweges ($Ma_S = 0,5$ ; Deckel-Seite)

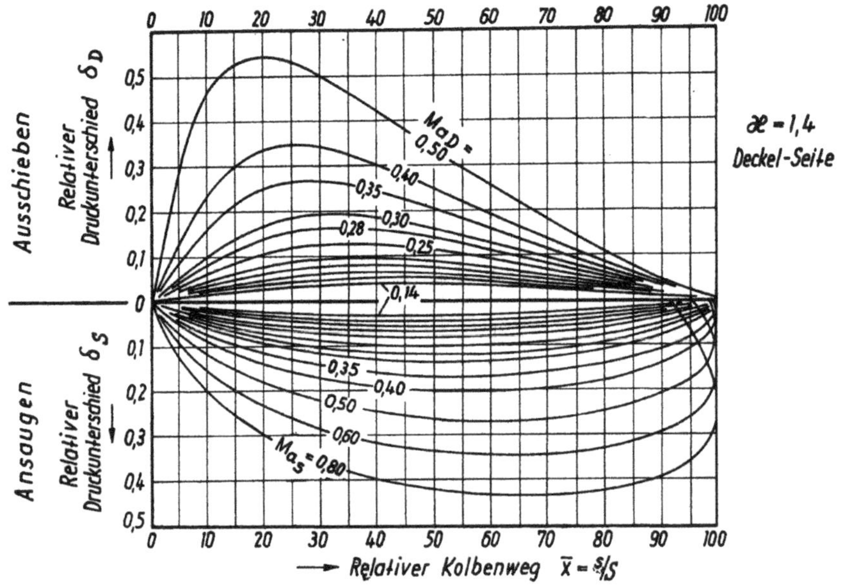


Abb. 23. Kurven des relativen Druckunterschiedes für das Ansaugen und Ausschieben als Funktion des relativen Kolbenweges (in %)

chen Diagrammen stets beobachtete Verschiebung der Maximalwerte nach dem jeweiligen Hubende keineswegs durch Massenwirkung der Gassäulen bedingt ist, sondern auf der Elastizität des Fördermediums im Zylinder beruht.

Die hier im Auszug und auf Grund des oben geschilderten nicht sehr genauen Verfahrens ermittelten Kurven, dargestellt über den Kurbelwinkel oder den Kolbenweg, sind die Grundlage aller weiteren Berechnungen und Betrachtungen der Vorgänge im Kompressorventil. Eine genauere numerische Bestimmung ist nach irgendeinem der bekannten Verfahren der praktischen Mathematik am schnellsten naturgemäß mit Hilfe einer elektronischen Rechenmaschine möglich. Die Durchführung einer solchen größeren Rechnung ist bereits in die Wege geleitet und das Ergebnis wird nach Fertigstellung der Rechnung in geeigneter Form bekanntgegeben werden.

Der theoretische Mehrleistungsbedarf kann nun relativ einfach bestimmt werden, da er proportional den Flächen unter den Kurven $\delta = f(\bar{x})$ ist. Es wird bezeichnet (siehe Abb. 24)

$$J_S(Ma_S\, \bar{x}_S) = \int_{\bar{x}=\bar{x}_{0,S}}^{\bar{x}=1} \delta_S(Ma_S, \bar{x}_{0,S})\, d\bar{x} \tag{23}$$

und

$$J_D(Ma_D, \bar{x}_D) = \int_{\bar{x}=\bar{x}_{0,D}}^{\bar{x}=0} \delta_D(Ma_D, \bar{x}_{0,D}) \cdot d\bar{x}\,. \tag{24}$$

Hierin ist

$\bar{x} = s/S$ der relative Kolbenweg ($\bar{x} = 0 \ldots\ldots 1{,}0$),

$\bar{x}_{0,S}$, $\bar{x}_{0D}$ der den entsprechenden Winkeln $\alpha_0$ zugehörende relative Kolbenweg,

$\bar{x}_S$, $\bar{x}_D$ der relative Saug- und der relative Ausschubweg des Kolbens.

Die Mehrleistung, die an der Maschine für eine Kolbenfläche aufgewendet werden muß, ist dann für das Ansaugen

$$\Delta N_S = \Delta L_S \cdot \frac{n}{60 \cdot 102} = \frac{F_K \cdot S \cdot n \cdot p_S \cdot J_S(Ma_S, \bar{x}_S)}{6120}\,, \tag{25}$$

für das Ausschieben

$$\Delta N_D = \Delta L_D \cdot \frac{n}{60 \cdot 102} = \frac{F_K \cdot S \cdot n \cdot p_D \cdot J_D(Ma_D, \bar{x}_D)}{6120}\,. \tag{26}$$

Diese Gleichungen sind Zahlenwertgleichungen mit den Maßeinheiten

| $N$ | $L$ | $S$ | $F_K$ | $J$ | $p$ |
|---|---|---|---|---|---|
| kW | $\frac{\text{kpm}}{\text{Umdr.}}$ | m | cm² | — | kp/cm² |

Die in Abb. 24 schraffierten Teilflächen des Indikatordiagramms zeigen die soeben bestimmten Arbeiten, die theoretisch bei plötzlich sich voll öffnenden und schließenden Ventilen aufgewendet werden müssen. Sie stimmen mit den an der Maschine durch Indizieren ermittelten Werten nicht vollständig überein, sondern sind im allgemeinen kleiner als diese.

Die Gründe hierfür sind folgende:

1. Das Ventil ist nicht, wie bei der Berechnung angenommen, während der ganzen Arbeitsperiode vollständig geöffnet, sondern der Öffnungs- und Schließvorgang erfordert eine gewisse Zeit, deren Anteil am Gesamtvorgang beim Druckventil im allgemeinen größer ist als beim Saugventil. Da während des Öffnens und Schließens ein kleinerer Querschnitt vorhanden ist, wird während dieser Zeit der Druckverlust etwas größer als der vorliegende berechnete Wert.

2. Wie wir noch sehen werden, ist der Beginn des Öffnens relativ unbestimmt und durch die Größe der Federvorspannung beim geschlossenen Ventil sowie die als „Kleben" bezeichnete Erscheinung beeinflußt. Auch hierdurch wird der Ventilwiderstand und dadurch der Mehrarbeitsbedarf vergrößert. Eine genauere Bestimmung dieser Einflüsse soll hier nicht verfolgt werden und ist nur im annähernden Maße möglich. Nach Angaben von FRENKEL ist dieser Mehrbedarf 5...20% des theoretischen Wertes.

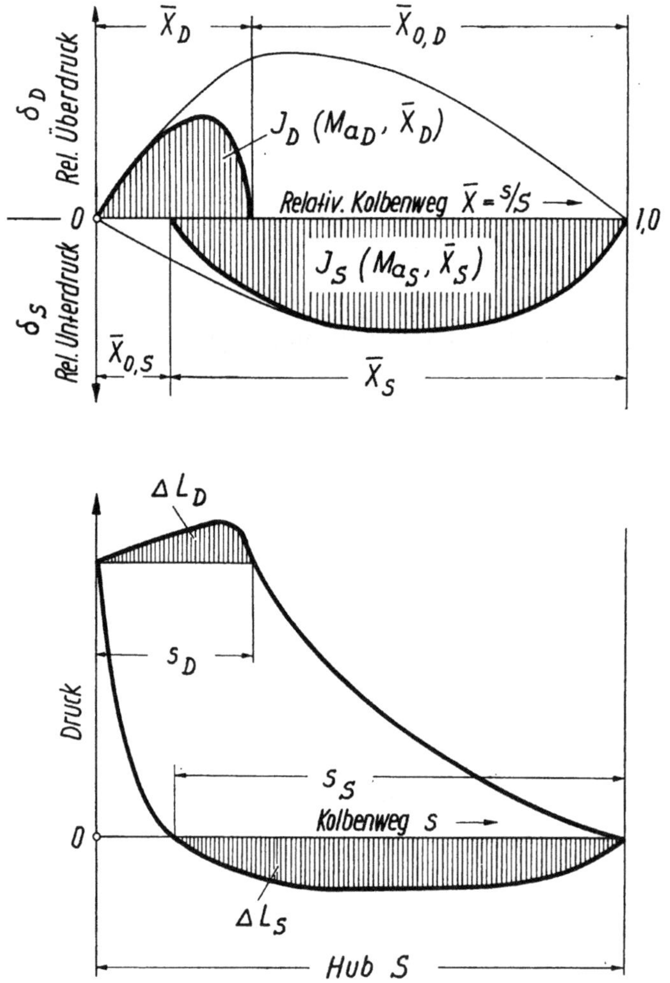


Abb. 24. Zur Berechnung des theoretischen Mehrleistungsbedarfes durch die Ventile

3. Die ganze Rechnung gilt unter der Voraussetzung, daß die Drücke in den Ventilräumen, also die Werte $p_S$ und $p_D$, konstant sind. Wie jedoch bekannt, ändert sich infolge der periodischen Förderung sowie unter dem Einfluß der Masse des Gases in den Saug- und Druckleitungen der Druck in den betreffenden Ventilräumen nicht unerheblich. Diese Erscheinung wird zwar durch Ausführung möglichst großer Ventilräume soweit wie möglich unterdrückt, ist aber grundsätzlich vorhanden und hängt insbesondere vom Verhältnis der Leitungslängen zu der Drehzahl der Maschine ab. Das Studium dieser Erscheinung ist ein Gebiet für sich und kann hier nicht weiter betrachtet werden.

### 3. Das Problem der Funktion des Ventils (dynamisches Verhalten)

Das Problem der Funktion des Ventils wird etwa durch folgende Fragen umschrieben:

a) Wodurch wird allgemein die Arbeitsweise des Ventils bestimmt?

b) Welchen Einfluß haben die verschiedenen betrieblichen und konstruktiven Größen auf die Arbeitsweise des Ventils, insbesondere der Hub der Ventilplatte, die Masse der Platte, die Drehzahl der Maschine und die Federkraft der Ventilfeder sowie der Strömungswiderstand des Ventils?

c) Wie muß die Ventilfeder bemessen werden, damit bei gegebenen Betriebsgrößen das Ventil richtig arbeitet?

Das Arbeitsspiel eines Kompressorventils kann, wie in Abb. 25 dargestellt ist, in vier Perioden aufgeteilt werden, nämlich.

1. den Öffnungsvorgang $A - B$,
2. das Ventil ist ganz geöffnet $B - C$,
3. den Schließvorgang $C - D$,
4. die Zeit, wo das Ventil geschlossen ist $D - A$.

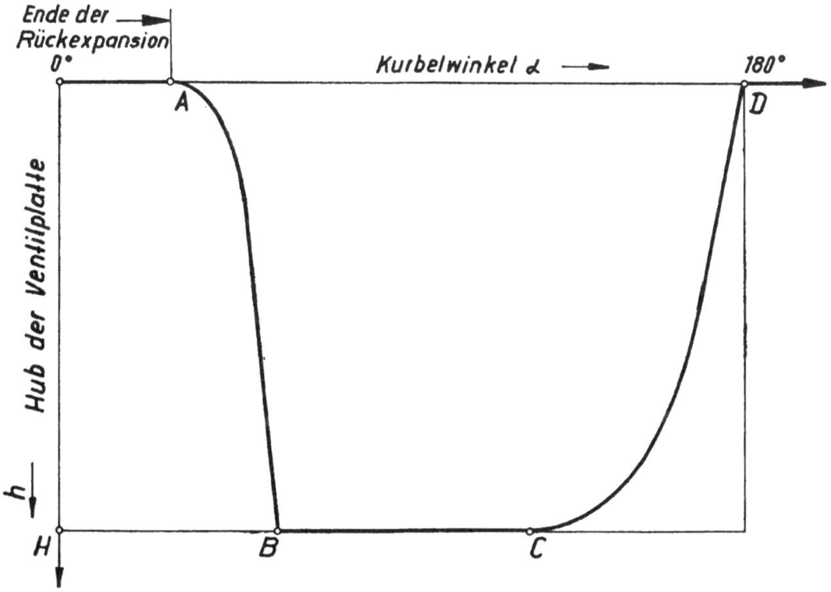


Abb. 25. Ideales Hubdiagramm eines Saugventiles

Der Öffnungpunkt $A$ soll beim Saugventil am Ende der Rückexpansion, beim Druckventil am Ende der Kompression liegen. Der wirkliche Hubvorgang kann jedoch gegenüber diesem idealen Hubdiagramm wesentliche Abweichungen zeigen. Die Feststellung der wirklichen Bewegung der Ventilplatte ist nach verschiedenen Verfahren möglich, wobei man unterscheiden kann zwischen Verfahren, bei denen ein einzelner Vorgang oszillographisch aufgezeichnet wird oder das punktweise arbeitende Verfahren von Frenkel, bei dem nicht ein, sondern eine große Zahl von Arbeitsspielen in einem einzigen Diagramm dargestellt wird. Bei der von Frenkel in Anlehnung an den DVL Glimmlampenindikator entwickelten Einrichtung wird die Kontaktdauer zwischen der bewegtenVentilplatte und einer über ihr befindlichen federnden Kontaktspitze aufgezeichnet, die während einer Aufnahme um den Hub der Ventilplatte verschoben werden kann. Das Ergebnis einer solchen Aufnahme zeigt Abb. 26, in dem das Hubdiagramm eines normal arbeitenden Saugventils abgebildet ist. Die Konturlinie der Leuchtspuren der Glimmlampe stellt die Hubbewegung der Ventilplatte als Funktion des Kurbelwinkels in stark vergrößertem Maßstab dar. Wie man erkennt, öffnet das Ventil, das bei einem Betrieb ohne Gegendruck aufgenommen wurde, kurz nach dem oberen Totpunkt. Beim Auftreffen auf den Hubfänger prallt die Ventilplatte einmal etwas zurück und

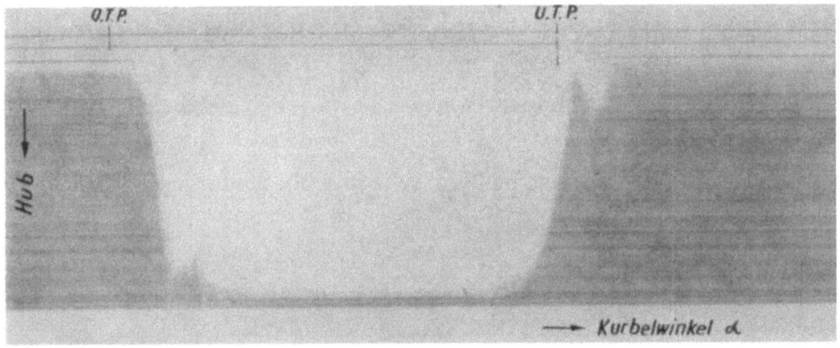


Abb. 26. Hubdiagramm eines Saugventiles aufgenommen mit dem Zyklograph nach FRENKEL

liegt dann bis zu Beginn des Schließvorganges an dem Hubfänger an. Der Schließvorgang beginnt etwas vor dem unteren Totpunkt und endet etwas nach demselben, wobei auch dort ein kleiner Rückprall zu verzeichnen ist. Daß aber dieser Bewegungsvorgang auch wesentlich anders ablaufen kann, zeigen die vier Hubdiagramme in Abb. 27, die an dem gleichen Ventil, jedoch mit geänderter Drehzahl der Maschine aufgenommen sind. Mit fallender Drehzahl vergrößert sich der Betrag, um den die Ventilplatte am Hubfänger zurückprallt und beginnt der Ventilschluß zu einem früheren Zeitpunkt. Bei 600 Umdrehungen pro Minute tritt eine Schwingung beim Schließvorgang auf, so daß der eigentliche Schluß wiederum verspätet ist. Bei 400 Umdrehungen liegt die Ventilplatte nicht mehr am Hubfänger an, sondern führt während der ganzen Öffnungsperiode eine schwingende Bewegung aus, die bei 300 Umdrehungen pro Minute in ein sogenanntes „Flattern“ der Ventilplatte übergeht. Die Ursache hierfür ist die Tatsache, daß die Ventilfeder im Verhältnis zur Strömungskraft zu stark ist. Man erkennt bereits hieraus eindeutig, daß ein Ventil mit gegebener Feder keineswegs für eine hohe und niedrige Drehzahl gleich gut geeignet ist, sofern nicht bei der niedrigen Drehzahl und Einbau des Ventils in eine andere Maschine wesentlich höhere Ventilgeschwindigkeiten herrschen. Ziel des Konstrukteurs muß es sein, die Betriebsgrößen so zu wählen, daß die Ventilplatte möglichst entsprechend dem theoretischen Diagramm sich bewegt und ein schwingungsfreier Schluß im Totpunkt oder höchstens etwas kurz danach erreicht wird.

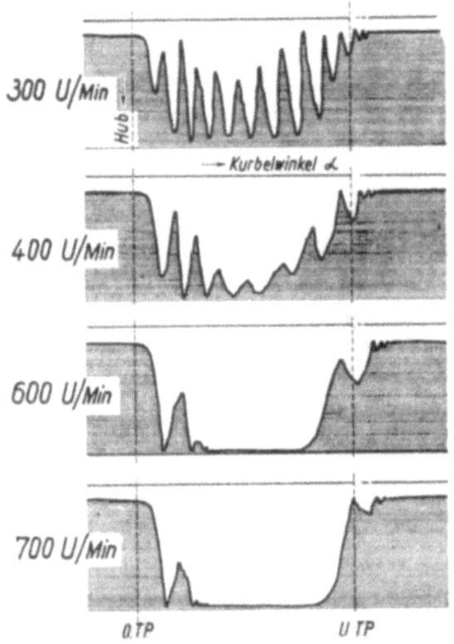


Abb. 27. Hubdiagramme eines Saugventiles bei verschiedenen Drehzahlen

In Abb. 28 sind die Hubdiagramme des gleichen Ventils im Bereich von 1000 bis 600 Umdrehungen übereinandergezeichnet dargestellt. Man erkennt, daß bei 1000 Umdrehungen ein ausgesprochener Spätschluß auftritt, der mit sinkender Drehzahl kleiner wird, so daß das Ventil den günstigsten Arbeitsbereich zwischen 700 bis 800 Umdrehungen pro Minute aufweist. Die Rückprallhöhe beim Öffnen fällt mit steigender Drehzahl. Als allgemeines Ergebnis ist also festzustellen, daß die Federkräfte unbedingt entsprechend den auftretenden Strömungskräften gewählt werden müssen, damit eine richtige Funktion des Ventils erreicht

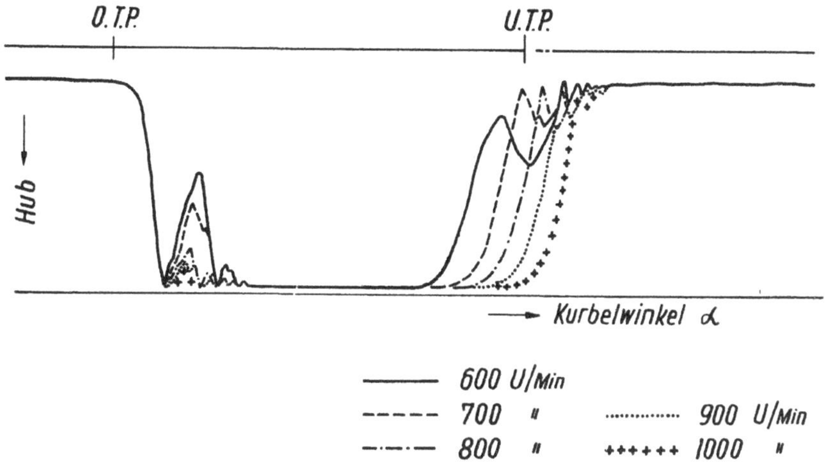


Abb. 28. Änderung des Schließvorganges eines Saugventiles bei verschiedenen Drehzahlen

wird. Bei zu schwacher Feder schließt das Ventil verspätet, bei zu starker Feder tritt Frühschluß mit starkem Rückprall sowie Schwingungen beim Schließvorgang oder während der ganzen Periode auf. Es sollen nun zunächst die verschiedenen Perioden einzeln betrachtet werden.

### *Der Öffnungsvorgang*

Es wird zunächst allgemein erwartet, daß das Ventil bei Druckgleichheit zwischen Zylinder und Ventilraum zu öffnen beginnt. Daß dies nicht der Fall ist, zeigt praktisch jedes Indikatordiagramm in dem bekannten Druckverlauf bei Beginn der Ansaug- und Ausschubperiode. Die Ursache hierzu ist nicht, wie oft angenommen wird, der Beschleunigungswiderstand der Platte, sondern die Tatsache, daß die Platte erst zu öffnen beginnt, wenn nicht Druckgleichheit, sondern Gleichheit der auf die Platte wirkenden Kräfte vorhanden ist. Daß dies nicht übereinstimmt, ist bedingt durch die endliche Breite der Dichtleisten. In Abb. 29 sind die Drücke und Kräfte angegeben, die beim Öffnen der Ventilplatte vorhanden sind, wobei zunächst die Federbelastung nicht berücksichtigt wurde. In Bild a ist der von unten auf die Platte wirkende Druck $p_u$ noch kleiner als der Druck auf die obere Seite der Ventilplatte. Da Gleichgewicht der Kräfte herrschen muß, wird der Kraftunterschied durch den Stützdruck in der Dichtleiste $p_d$ aufgenommen. Bei b ist der Druck $p_u$ angestiegen und infolgedessen der Stütz- oder Dichtungsdruck gefallen. Bei c ist Druckgleichheit aller Drücke $p_o = p_d = p_u$ vorhanden. Steigt nun $p_u$ weiterhin an, so würde die Platte öffnen, wenn der Druck im Dichtspalt in gleicher Weise ansteigen würde. Er fällt aber zunächst weiter und kann den Wert $p_d = 0$ erreichen, wenn man annimmt, daß die Dichtleiste in ihrer ganzen Breite absolut eben und dicht ist. Ja man kann sogar damit rechnen, daß bei Anwesenheit einer zähen Flüssigkeit, wie kaltem Öl, sogar Adhäsionskräfte, d. h. ein negativer Druck im Dichtspalt auftreten kann. Es wird in diesem Zusammenhang daran erinnert, daß Körper mit sehr guten ebenen Flächen durch Aneinanderdrücken dieser Flächen relativ fest miteinander

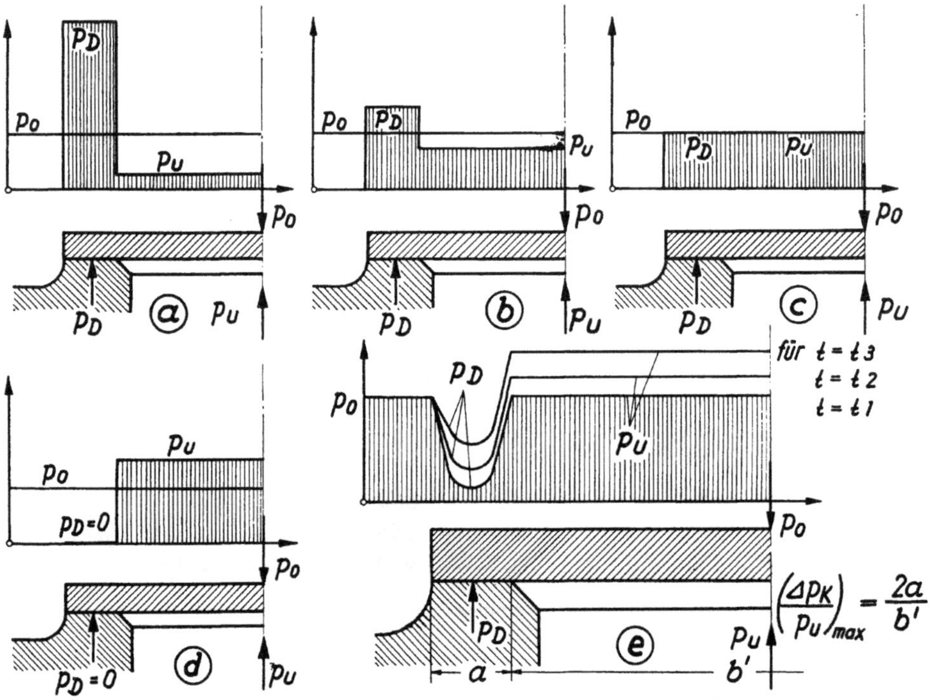


Abb. 29. Druckverhältnisse an der Ventilplatte bis zum Öffnen

verbunden (angesprengt) werden können. Damit nun eine resultierende Kraft zum Öffnen der Ventilplatte vorhanden ist, muß der Druck $p_u$ um den Betrag $\Delta p_k$ über $p_o$ steigen. Aus einfachen Beziehungen kann abgeleitet werden, daß für die Voraussetzung $p_d = 0$ die Gleichung besteht

$$\left(\frac{\Delta p_k}{p_u}\right)_{\max} = \frac{2\,a}{b'} \,. \tag{27}$$

Setzt man beispielsweise die Breite der Dichtleiste $a = 1$ mm und die Breite des Ventilspaltes $b' = 6$ mm, dann erhält man also den Höchstwert des relativen Überdruckes zum Öffnen des Ventils

$$\left(\frac{\Delta p_k}{p_u}\right)_{\max} = \frac{2}{6} = 0{,}33 \,. \tag{28}$$

Dieser Betrag ist wesentlich größer als der Druckabfall beim Durchströmen des vollkommen geöffneten Ventils. Tatsächlich ist nun der Druck im Dichtspalt nicht gleich Null, sondern ein unbekannter Wert, dessen Größe von der Dichtigkeit des Ventils und wahrscheinlich auch von der zeitlichen Druckänderung des Druckes $p_u$ abhängt. Die voraussichtliche Druckverteilung im Dichtspalt ist schematisch für verschiedene Zeitpunkte kurz vor dem Öffnen der Platte unter e in Abb. 29 dargestellt. Durch diesen Vorgang wird naturgemäß auch der gesamte Öffnungsvorgang des Ventils verändert, wie in Abb. 30 angegeben ist. Der Druckverlauf bei sofort voll geöffnetem Ventil kann auf Grund der $\delta$-Kurven für den durch die Rückexpansion bestimmten Winkel $\alpha_0$ angegeben werden. Als theoretische Hubkurve gilt dann die mit $a$ bezeichnete Linie. Würde das Ventil bei Druckgleichheit öffnen, so ergäbe sich die Hubkurve $b$ sowie die ebenso bezeichnete Kurve im Diagramm für den Unterdruck, wobei infolge des kleineren Ventilquerschnittes während der Öffnungsperiode ein etwas größerer Unterdruck entsteht. Infolge der soeben geschilderten Wirkung der Dichtleiste öffnet das Ventil tatsächlich erst nach der Kurve *c*. Die Rückexpansionslinie geht also zunächst im Diagramm entsprechend der Volumenvergrößerung weiter, bis sie im Augenblick des Öffnens in der angedeuteten Weise in die $\delta$-Kurve übergeht. Ist das Ventil sehr dicht, dann beginnt die Öffnung noch später und tritt ein noch größerer Unterdruck auf, wie unter *d* angegeben ist. Diese Erscheinung wird allgemein als „Kleben der Ventilplatte bezeichnet, obwohl sie grundsätzlich nicht durch eine Klebekraft zwischen Platte und Sitz bedingt ist, sondern nur durch die Kraftverhältnisse. Selbstverständlich wird diese Erscheinung unterstützt, wenn, was bei Saugventilen besonders der Fall sein kann, im Dichtspalt kaltes Öl vorhanden ist. Man erkennt also, je dichter das Ventil ist

1. umso später öffnet es,
2. umso größer ist der zusätzliche Druckverlust und
3. umso größer ist die Aufprallgeschwindigkeit der Ventilplatte am Hubfänger.

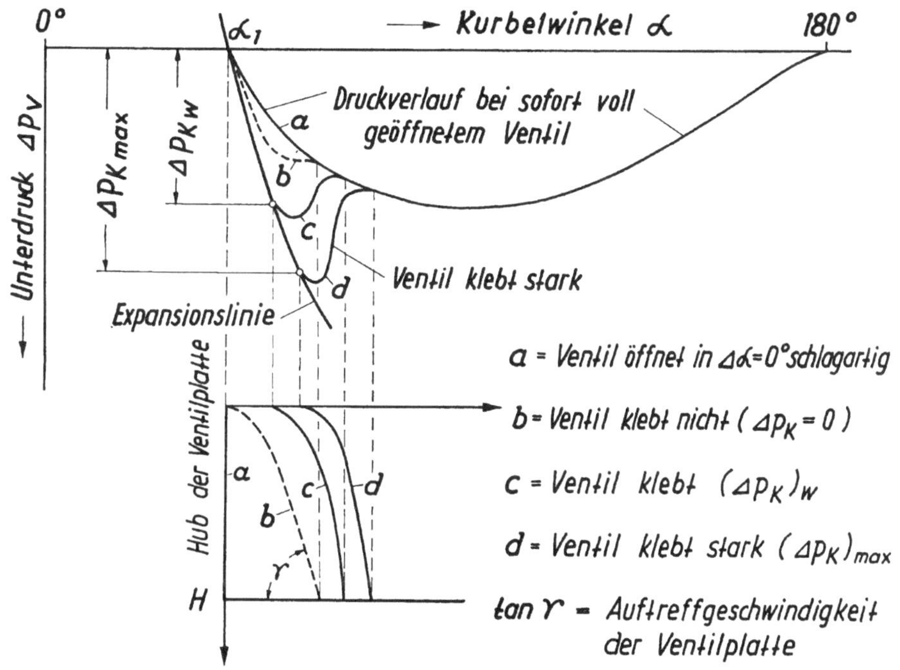


Abb. 30. Öffnungsvorgang bei einem Saugventil

Eine weitere Verspätung des Öffnungspunktes entsteht noch durch die Kraft, welche die Ventilfeder auf das geschlossene Ventil ausübt, ein Wert, der allerdings gegenüber den betrachteten Zusammenhängen zahlenmäßig klein ist. Als praktische Schlußfolgerung der bisher ermittelten Zusammenhänge ist festzustellen, daß der Konstrukteur bemüht sein muß, die Dichtleisten möglichst schmal zu halten und ebenfalls, wenn zweckmäßig, die Feder möglichst wenig vorzuspannen. Darüber hinaus ist zu sagen, daß der Punkt *A* der Hubkurve nicht genau bestimmt werden kann und auch infolge der unbekannten und auch veränderlichen Verzögerung des Öffnungsbeginns der Öffnungsvorgang selbst einer Berechnung nicht zugängig ist.

Das Gleiche gilt auch zunächst für den Rückprall der Platte am Fänger, dessen Höhe nicht nur von der Plattengeschwindigkeit im Augenblick des Auftreffens, sondern auch von der Federkraft und der Änderung der Strömungskraft in diesem Zeitpunkt abhängt. Bei normaler Arbeitsweise liegt dann während des Abschnittes $B$—$C$ die Platte am Hubfänger an. Der entstehende Druckverlust ist durch die Größe der äquivalenten Düse und der Strömungsgeschwindigkeit bestimmt und mit Hilfe der $\delta$-Kurven zu berechnen.

Der wichtigste Abschnitt, der gleichzeitig auch, wie aus Abb. 27 ersichtlich, die gesamte Hubkurve wesentlich bestimmt, ist zweifelsohne der Schließvorgang. Der Punkt $C$ ist wieder bestimmt durch das Gleichgewicht zwischen Strömungskraft und Federkraft an der Ventilplatte. Eine Klebewirkung wird hier nur selten eintreten. Der Schließvorgang soll so rechtzeitig beginnen, daß die Ventilplatte ohne Schwingungen im Totpunkt oder wenigstens in der Nähe des Totpunktes schließt.

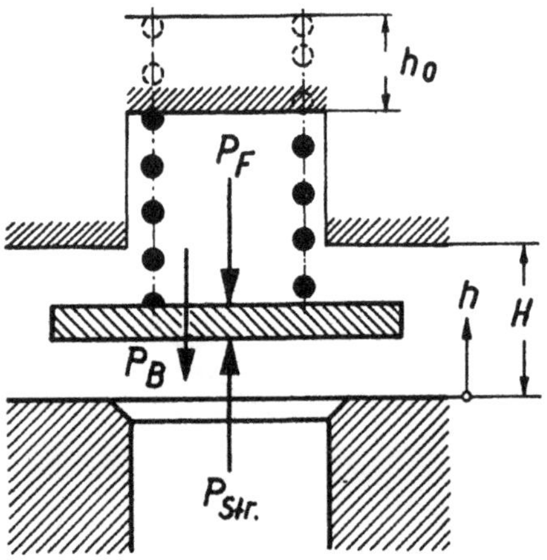

Abb. 31. Die Kräfte an der Ventilplatte

Für den Schließvorgang gilt in jedem Augenblick die Grundgleichung

$$P_F - P_{\text{Str}} = P_B \,. \tag{29}$$

Ist die Strömungskraft auf die Platte $P_{\text{Str}}$ kleiner als die Federkraft $P_F$, dann ist die Beschleunigung und die Beschleunigungskraft $P_B$ positiv, die Platte wird zum Sitz hin beschleunigt. Ist das Umgekehrte der Fall, dann wirkt (siehe Abb. 31) die Beschleunigung nach oben und die Kraft $P_B$ wirkt während der Schließbewegung verzögernd. Für die drei Kräfte bestehen folgende Gleichungen:

$$P_{\text{Str}} = \varrho \cdot f_{So} \cdot \Delta p_v = \varrho \cdot f_{So} \cdot \delta \cdot p \,, \tag{30}$$

$$P_F = c_F(h_0 + h) \,, \tag{31}$$

$$P_B = -\, m_{Pl} \cdot \frac{d^2 h}{dt^2} \,. \tag{32}$$

Die Gleichungen gelten allgemein sowohl für das Saug- als auch für das Druckventil. Infolgedessen wurden die Indizes $S$ und $D$ bei $p$, $\delta$ , und später Ma weggelassen und es bedeuten:

$\varrho$ [$\approx$ const] das Strömungsdruckverhältnis (siehe Abb. 7),

$c_F$ = const die Federkonstante der Ventilfeder mit linearer Fedcharakteristik,

$h_0$ der Vorspannweg der Feder,

$h$ der Weg der Ventilplatte = Zusammendrückung der Feder (vom Ventilsitz gerechnet),

$m_{Pl}$ die Masse der Ventilplatte.

Die Diff.-Gleichung für die Bewegung der Ventilplatte lautet dann

$$c_F(h_0 + h) - \varrho \cdot f_{So} \cdot \delta \cdot p + m_{\text{Pl}} \frac{d^2 h}{dt^2} = 0 \,. \tag{33}$$

In dieser Diff.-Gleichung für den Weg der Ventilplatte ist aber noch der relative Druckunterschied $\delta$ vorhanden, für den die Diff. Gleichung von FRENKEL und DOLLESCHAL

$$\delta' = f(\delta, Ma_h, \alpha) \tag{34}$$

besteht, in der wiederum die Größe $Ma_h$ nicht mehr eine Konstante ist, sondern von der MACH-Zahl bei vollem Hub $Ma_H$, dem relativen Hub $h/H$ und dem relativen Druckunterschied abhängt:

$$Ma_h = F(Ma_H, h/H, \delta) \,. \tag{35}$$

Durch die drei Gleichungen (33), (34), (35) ist die Schließbewegung der Ventilplatte eindeutig beschrieben. Mit anderen Rechnungsgrößen wurde ein ähnliches Gleichungssystem von Costagliola angegeben und für einige typische Fälle mit Hilfe einer Rechenmaschine gelöst. Da die Voraussetzungen für die allgemeine Anwendung dieses Gleichungssystems nicht gegeben ist, soll versucht werden, hier an Hand eines Näherungsverfahrens einige allgemeine Aussagen über den Schließvorgang zu machen. Es wurde zunächst ein Näherungsverfahren entwickelt für die schrittweise Berechnung der Schließbewegung, bei dem vorausgesetzt wird, daß innerhalb der Schrittweite die Wege und Kräfte sich linear mit dem Hub ändern. Mit Hilfe des Verfahrens wurde für drei verschiedene Drehzahlen die Schließbewegung des untersuchten Ventils berechnet und das Ergebnis mit der Messung am Ventil, d. h. also der aufgenommenen Hubkurve verglichen. In Abb. 32 sind dargestellt sowohl die Hubkurve als auch die Kräfte als Funktion des Kurbelwinkels, und zwar

a) für das bis zum Schluß voll geöffnete Ventil,
b) für die Schließbewegung bei masseloser Platte,
c) für eine Platte mit Masse.

In allen drei Fällen ist der Punkt $C$ bestimmt durch das Gleichgewicht zwischen Strömungs- und Federkraft des geöffneten Ventils. Die strichpunktierten Linien zeigen den Verlauf für den Fall a, für den der Verlauf der Strömungskraft durch die $\delta$-Kurve und das als konstant betrachtete Strömungsdruckverhältnis des betreffenden Ventils gegeben sind: Der gestrichelt dargestellte Verlauf im Falle b ist bestimmt durch die Bedingung, daß die Beschleunigungskraft 0 ist und somit Gleichheit zwischen Strömungs- und Federkraft sein muß. Man erkennt, daß in diesem Falle die Platte bei einem Kurbelwinkel von 190° schließt. Die Federkraft ist in diesem Augenblick nicht gleich Null, da bei den vorliegend betrachteten Verhältnissen die Ventilfeder etwas vorgespannt war. Der Fall c ist durch die stark ausgezogene Linie dargestellt. Man erkennt, daß zunächst die Ventilplatte sich langsamer von dem Hubfänger

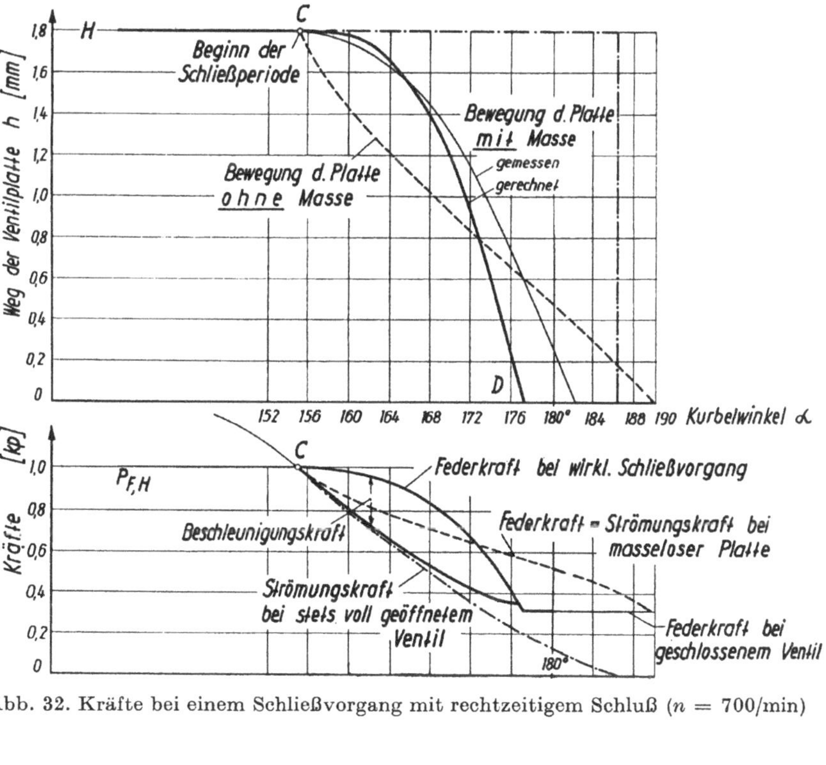


Abb. 32. Kräfte bei einem Schließvorgang mit rechtzeitigem Schluß ($n$ = 700/min)

löst und dadurch eine Differenz zwischen der Federkraft und der Strömungskraft auftritt, welche die beschleunigte Schließbewegung der Platte bewirkt. Diese Beschleunigungskraft steigt zunächst bis zu einem Maximum an, um dann wieder kleiner zu werden. Bei dem vorliegenden Fall wird die Beschleunigungskraft wiederum Null, kurz vor dem Augenblick, wo die Platte den Ventilsitz erreicht. Das Ergebnis ist ein kurz vor dem Totpunkt liegender Schluß, wie aus der Hubkurve zu erkennen ist. Die gemessene Hubkurve stimmt mit dem gerechneten Verlauf nicht vollständig überein. Die Differenz im Punkt $D$ beträgt jedoch nur 4°, ein Wert, der in Zeit umgerechnet reichlich 1/1000 s bedeutet. In Abb. 33 ist der

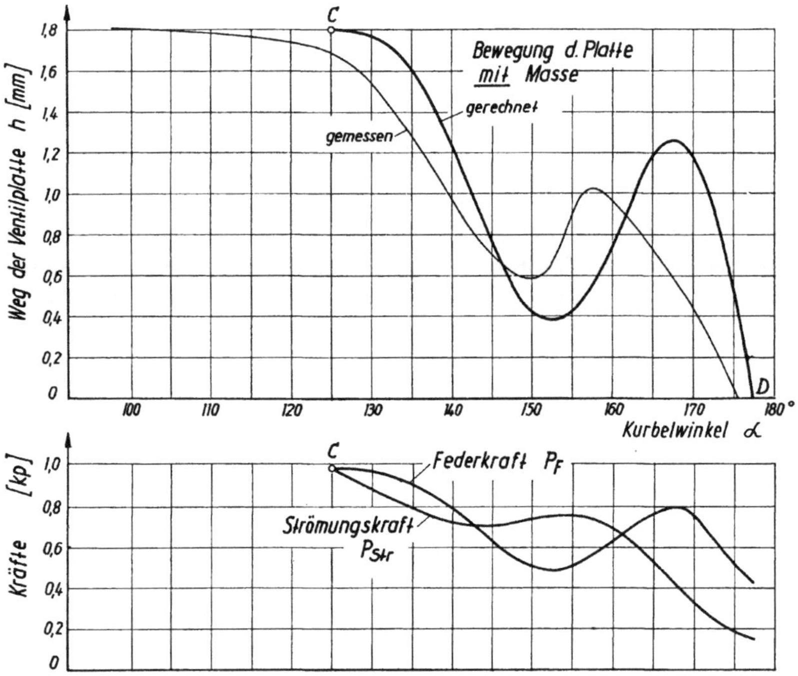


Abb. 33. Kräfte bei einem Schließvorgang mit Schwingungen ($n$ = 500/min)

gerechnete Verlauf des Schließvorganges für eine niedrige Drehzahl bei sonst gleichen Verhältnissen mit dem gemessenen verglichen, bei dem bereits ein Schwingungsschluß eintritt. Auch hier zeigt die Rechnung im wesentlichen die gleichen Erscheinungen, wie sie praktisch auftreten. Insbesondere erkennt man, daß bei der geringeren Drehzahl infolge der zu starken Feder die Beschleunigungskraft als der Unterschied zwischen Feder und Beschleunigungskraft zweimal das Vorzeichen wechselt, so daß die zunächst eingeleitete Schließbewegung der Platte abgestoppt wird und diese wieder das Ventil bis zu einem Hub von reichlich 1,2 mm öffnet, um dann mit wesentlich größerer Geschwindigkeit kurz vor dem Totpunkt zu schließen. In Abb. 34 dagegen sind die Verhältnisse für einen ausgesprochenen Spätschluß bei $n$ = 900/min dargelegt. Hier ist eine relativ gute Übereinstimmung zwischen Rechnung und mehreren Schließkurven festzustellen. In diesem Falle bleibt die Beschleunigungskraft stets positiv und ergibt eine relativ hohe Schließgeschwindigkeit. Das Ergebnis der Betrachtungen für die drei verschiedenen Schließvorgänge zeigt, daß die Näherungsrechnung den zu erwartenden Schließvorgang, wenn auch nur mit einer gewissen Annäherung, aber doch im wesentlichen richtig zu ermitteln gestattet.

Die wichtigste Frage, die aus der Betrachtung der Vorgänge beantwortet werden muß, lautet: wie soll die Ventilfeder bemessen werden? Hierzu ist zunächst festzulegen, welches

Ziel hinsichtlich des Schließvorganges erreicht werden soll. Die Forderungen, die hierzu aufgestellt werden können, sind

a) es sollen keine Schwingungen beim Schließvorgang auftreten,

b) der Schließpunkt $D$ soll möglichst im oder kurz nach dem Totpunkt liegen.

Ein schwingungsfreier Schluß der Ventilplatte im Totpunkt wird in erster Linie durch Punkt $C$ bzw. die Größe der Federkraft des geöffneten Ventils gegenüber der Strömungskraft sowie auch durch die Masse der Ventilplatte bestimmt. Eine Berechnung der Schließkurve nach der angegebenen näherungsweisen Schrittrechnung ist nur im Einzelfall möglich, da auch diese Rechnung einen erheblichen Zeitaufwand erfordert. Es ergibt sich damit die Frage, ob man nicht eine allgemeingültige Richtlinie angeben kann, die zu einer schnelleren und einfacheren Bestimmung der erforderlichen Federkraft führt. Der Ausgangspunkt für die Bestimmung der Federkraft muß auf jeden Fall der Punkt $C$ sein, für den Gleichheit zwischen Strömungskraft und Federkraft besteht. Für den gewünschten schwingungsfreien Schluß kann nun folgende Richtlinie aufgestellt werden:

*Soll die Ventilplatte schwingungsfrei im Totpunkt schließen, dann muß der Kurbelwinkel für die Schließperiode der halben Schwingungsperiode des Systems Ventilplatte — Feder entsprechen.*

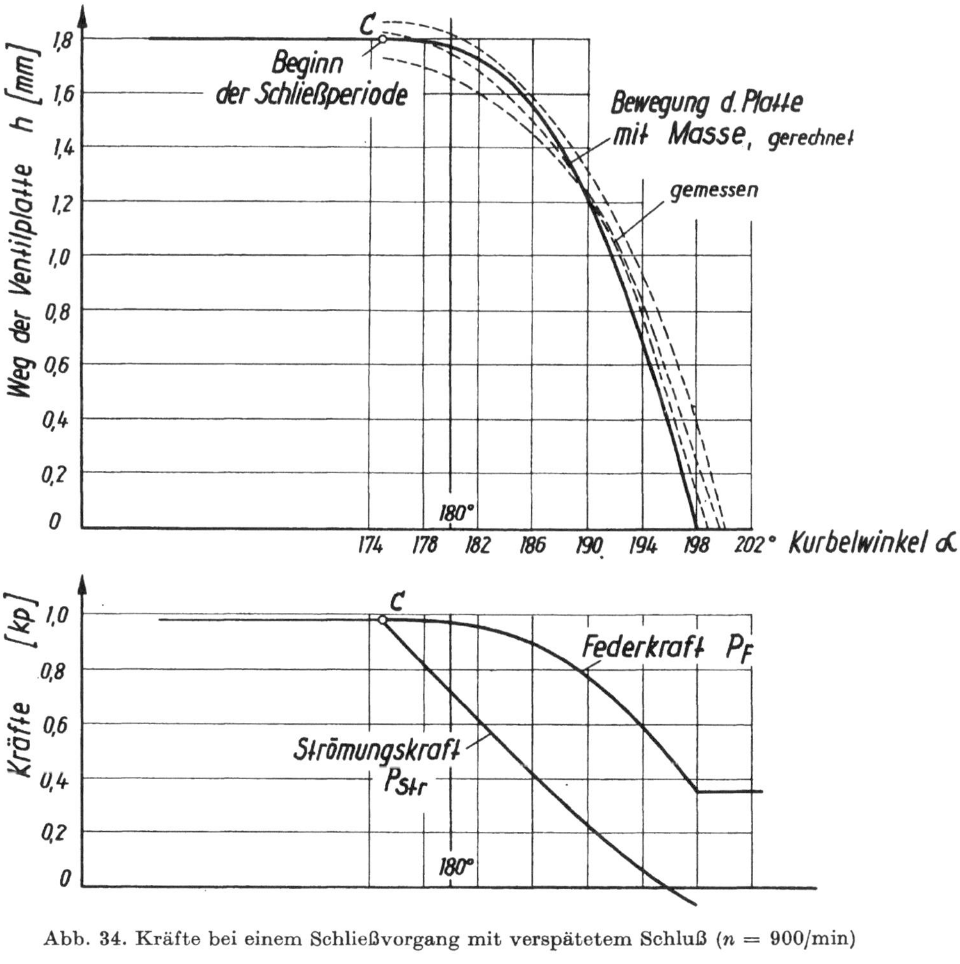


Abb. 34. Kräfte bei einem Schließvorgang mit verspätetem Schluß ($n$ = 900/min)

Es kann nun aus der Differentialgleichung für den Bewegungsvorgang nachgewiesen werden, daß bei einem linearen Verlauf der Strömungskraft die Ventilplatte während der Schließperiode mit ihrer eigenen Schwingungszahl schwingt. Die Abweichung, die sich aus der Nichtlinearität der Strömungskraft ergibt, ist gering und kann in Kauf genommen werden, denn man darf bei der Betrachtung dieser Verhältnisse nicht vergessen, daß für die vorliegenden Betrachtungen immer ein konstanter Druck in den Ventilräumen vorausgesetzt wird, was bekanntlich in den wenigsten Fällen zutrifft.

In Abb. 35 ist der Verlauf der Schließbewegung und der Kräfte bei Erfüllung der obigen Forderung angegeben und gleichzeitig gezeigt, wie der Punkt $C$ für den Beginn des Schließvorganges ermittelt werden kann.

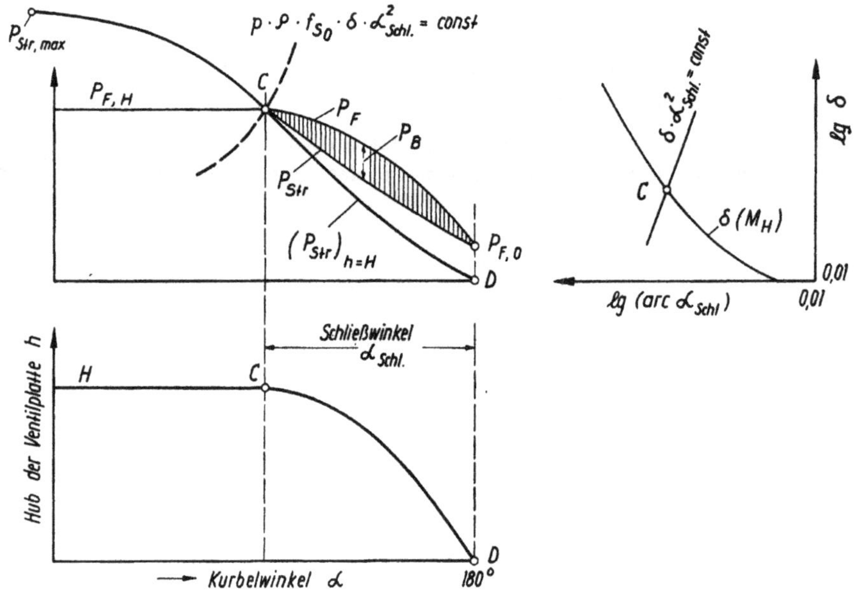


Abb. 35. Zur Bestimmung der Feder eines Ventiles

Die Eigenkreisfrequenz des Systems der Plattenmasse und der Feder ist

$$\omega_{Pl} = \sqrt{\frac{c_F}{m_{Pl}}} \,. \tag{36}$$

Die Kreisfrequenz des Verdichters ist

$$\omega_M = \frac{\pi \cdot n}{30} \,. \tag{37}$$

Die Schwingungsdauer zweier harmonisch schwingenden Systeme verhalten sich umgekehrt proportional wie ihre Kreisfrequenzen, also

$$\frac{T_{Pl}}{T_M} = \frac{\omega_M}{\omega_{Pl}} \,. \tag{38}$$

Andererseits soll nach der obigen Richtlinie die Platte während des Winkels $2 \cdot \alpha_{\text{Schl}}$ eine volle Schwingung ausgeführt haben. Es soll also sein

$$\frac{T_{Pl}}{T_M} = \frac{2 \cdot \alpha_{\text{Schl}}}{2\,\pi} \,. \tag{39}$$

Somit soll sein

$$q = \frac{\omega_M}{\omega_{Pl}} = \frac{\alpha_{\mathrm{Schl}}}{\pi} \tag{40}$$

eine dimensionslose Größe, die wir als *Frequenzverhältnis* des Ventils (mit einer bestimmten Feder) bezeichnen.

In dem Punkt $C$ ist die Strömungskraft gleich der Federkraft, also

$$\varrho \cdot \delta_C \cdot f_{So} \cdot p = c_F \cdot H\left(1 + \frac{h_o}{H}\right). \tag{41}$$

Wir haben nun zwei Gleichungen für $c_F$.

Aus (41) erhalten wir

$$c_F = \frac{\varrho \cdot \delta_C \cdot f_{So} \cdot p}{H(1 + h_o/H)}.$$

Nach (40) und (36) ist

$$\frac{\alpha^2_{\mathrm{Schl}}}{\pi^2} = \frac{\omega^2_M \cdot m_{Pl}}{c_F},$$

$$c_F = \frac{\pi^2 \cdot \omega^2_M \cdot m_{Pl}}{\alpha^2_{\mathrm{Schl}}}.$$

Beide Gleichungen für $c_F$ gleichgesetzt ergibt eine Bestimmungsgleichung für den Punkt $C$ in der Form

$$\delta_C \cdot \alpha^2_{\mathrm{Schl}} = \frac{\pi^2 \cdot \omega^2_M \cdot m_{Pl} \cdot H\,(1 + h_o/H)}{\varrho \cdot f_{So} \cdot p} = \mathrm{const}\,, \tag{42}$$

da auf der rechten Seite nur konstante Größen vorhanden sind, sofern die Drehzahl der Maschine als konstant betrachtet wird. Wir können auch schreiben

$$(\delta_C \cdot \varrho \cdot f_{So} \cdot p) \cdot \alpha^2_{\mathrm{Schl}} = P_{F,H} \cdot \alpha^2_{\mathrm{Sch}} = \pi^2 \cdot \omega^2_M \cdot m_{Pl} \cdot H\left(1 + \frac{h_o}{H}\right) \tag{42a}$$

und dieses Ergebnis in folgende Form fassen:

**Für einen schwingungsfreien rechtzeitigen Schluß muß die Federkraft bei geöffnetem Ventil multipliziert mit dem Quadrat des Schließwinkels (im Bogenmaß) einen bestimmten konstanten Wert haben, dessen Größe proportional der Masse der Platte, dem Quadrat der Drehzahl und dem Hub der Platte ist.**

Der Wert $h_o$ ist der Vorspannweg der Ventilfeder, der bei geschlossenem Ventil eine Federkraft $P_{F,o}$ ergeben soll, die der Strömungskraft auf die Platte im Augenblick des Ventilschlusses entspricht. Es genügt, wenn man den Wert $h_o/H$ mit 0,2 bis 0,3 einschätzt, wenn die $\delta$-Kurve des voll geöffneten Ventils nicht über 180°, d. h. den Totpunkt hinausläuft. Bei einem Hub von $H = 2$ mm entspricht dies einem Vorspannweg von $h_o =$ rd 0,5 mm und somit einem Wert, der schon innerhalb der Fehlergrenzen der Federlänge und der Tiefe der Federgrube liegt. Man soll auch hier die rauhe Wirklichkeit nicht vergessen und berücksichtigen, daß durch die Streuung bei der Fertigung und die rechnerisch nicht erfaßten betrieblichen Einflüsse eine Streuung der Werte nicht zu vermeiden ist, so daß diese Unsicherheit des Wertes $h_0/H$ in Kauf genommen werden kann.

Die Gleichung $\delta \cdot \alpha^2_{\mathrm{Schl}} = \mathrm{const}$ zur Bestimmung des Punktes $C$ wird am einfachsten graphisch gelöst. Sie stellt eine schiefe Hyperbel im $\delta/\alpha_{\mathrm{Schl}}$-Diagramm dar, die im $\lg \delta/\lg \alpha_{\mathrm{Schl}}$-Diagramm eine Gerade mit dem Anstieg 2 wird. Man verwendet daher am besten ein doppeltlogarithmisches Koordinatensystem mit eingetragenen $\delta$-Kurven, in das die Gerade $\delta \cdot \alpha_{\mathrm{Schl}} = \mathrm{const}$ leicht eingetragen werden kann. Bei der Berechnung der konstanten rechten Seite der Gleichung ist darauf zu achten, daß die verwendeten Maßeinheiten sich vollständig wegheben, um einen dimensionslosen Wert zu erhalten. Es ist also zunächst einzusetzen:

| | | | |
|---|---|---|---|
| | $\omega_M$ | in | 1/s. |
| | $m_{Pl}$ | in | kg |
| | $H$ | in | m |
| | $f_{So}$ | in | $m^2$ |
| und | $p$ | in | $N/m^2$! |

Der Winkel $\alpha_{Schl}$ ist natürlich auch im Bogenmaß einzusetzen.

Will man mit den üblichen und bequemen Maßeinheiten rechnen, so kann man auch die Zahlenwertgleichung benutzen

$$\text{const} = \frac{\pi^2 \cdot \omega_M^2 \cdot m_{Pl} \cdot H \cdot 10000\,(1 + h_0/H)}{1000 \cdot 1000 \cdot \varrho \cdot f_{So} \cdot p \cdot 102000}.$$

Wird auch gesetzt $\pi^2 \cong 10$, so erhalten wir

$$\text{const} \cong \frac{\omega_M^2 \cdot m_{Pl} \cdot H\,(1 + h_0/H)}{\varrho \cdot f_{So} \cdot p} \cdot 10^{-6} \tag{43}$$

mit den Maßeinheiten

| $\omega_M$ | $m_{pl}$ | $H$ | $\varrho$ | $f_{So}$ | $p$ |
|---|---|---|---|---|---|
| /s | g | mm | — | $cm^2$ | $kp/cm^2$ |

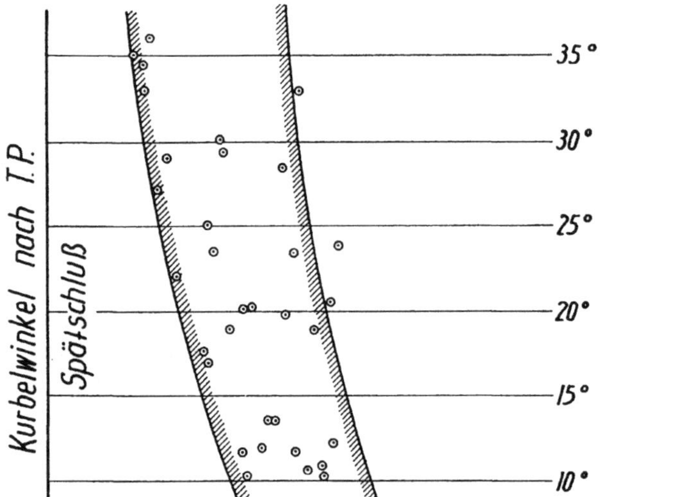


Abb. 36. Der Ventilschluß bei verschiedenen Drehzahlen und Federkräften als Funktion des Schließdruckverhältnisses

Aus dem gefundenen Punkt erhält man $\delta_C$ und kann die notwendige Federkraft bei geöffnetem Ventil bestimmen zu

$$P_{F,H} = \varrho \cdot f_{So} \cdot \delta_C \cdot p\,. \tag{44}$$

Wie man aus den bisherigen Erkenntnissen entnehmen kann, ist ohne Zweifel das Verhältnis der Strömungskraft im Punkt $C$, die ja gleich der Schließkraft der Feder ist, zur maximalen Strömungskraft eine Größe, die maßgebend für den rechtzeitigen Schluß des Ventiles ist. Dieser Verhältniswert

$$k = \frac{\delta_C}{\delta_{max}}$$

soll als „Schließdruckverhältnis" bezeichnet werden und es entsteht die Frage, ob man diesen Wert $k$ für eine Näherungsrechnung zur Bestimmung der Federkraft verwenden kann. In

Abb. 36 wurde die Lage des Schließpunktes $D$ als Funktion des Schließdruckverhältnisses $k$ für eine größere Zahl von aufgenommenen Hubdiagrammen aufgetragen. Die Hubdiagramme wurden an dem in Abb. 13 dargestellten Saugventil aufgenommen, wobei verändert wurde

| | |
|---|---|
| die Drehzahl der Maschine | ($n = 600 \ldots 1000$/Min), |
| die Vorspannung der Feder | ($h_0/H = 0 \ldots 0{,}62$), |
| die maximale Federkraft | (im Verhältnis 1,8/4,8), |
| der Gegendruck der Maschine | ($p_e = 0 \ldots 4$ atü). |

Die Federkonstante wurde nicht geändert. Man erkennt aus dem Streufeld im Bild, daß trotz der erheblichen Variation der Betriebs- u. Ventildaten das Schließdruckverhältnis $k = 0{,}45$ einen Schließpunkt $D$ ergibt, der in der Nähe des Totpunktes liegt. Allerdings kann dieser Wert aus den Messungen mit einem Ventil noch nicht verallgemeinert werden.

## 4. Das Problem der Lebensdauer der Ventilplatte

Im Gegensatz zu den beiden bisher behandelten Problemen sind die Erkenntnisse, die bisher über die Lebensdauer der Ventilplatte gewonnen wurden, rein empirischer Natur. Jede Festigkeitsrechnung setzt voraus, daß man die auftretenden Beanspruchungen kennt und sie mit den vorhandenen Festigkeitswerten des Werkstückes vergleichen kann. Weder das eine noch das andere trifft hier für die Ventilplatte zu. Grundsätzlich ist die Ventilplatte zwei verschiedenen Beanspruchungen unterworfen, und zwar

1. einer schwellenden Biegebeanspruchung, durch die Druckdifferenz auf die Platte bei geschlossenem Ventil,
2. eine zweimalige Schlagbeanspruchung beim Öffnen und Schließen des Ventils.

Die Biegebeanspruchung kann angenähert berechnet werden und dient in erster Linie zur Ermittlung der Stärke der Ventilplatte. Betrachtet man die Platte als einen geraden Balken auf zwei Stützen, der mit einer gleichmäßigen Last belastet ist, so liegen die praktischen Rechnungswerte der Biegebeanspruchung etwa zwischen 300 und 400 kp/cm.[2] Die Schlagbeanspruchung der Platte hängt, wie die bisherigen Betrachtungen gezeigt haben, von einer großen Zahl von Einflußgrößen ab, und zwar von dem Hub, der Drehzahl der Maschine, der Dichte des Fördermittels, der Masse der Ventilplatte, der Änderung des Druckes und von der Dämpfung des Schlages. Als ein wesentlicher Maßstab für die Härte des Schlages und damit auch voraussichtlich für die Schlagbeanspruchung wird die Aufprallgeschwindigkeit der Ventilplatte am Hubfänger angesehen, die aus den aufgenommenen Hubdiagrammen bestimmt werden kann. Bei normaler Arbeitsweise ist im allgemeinen der Öffnungsschlag größer als der Schließschlag, der jedoch bei einem Spätschluß sehr ansteigen kann. Der Öffnungsschlag ist naturgemäß in Hubmitte größer als am Hubanfang. Die aus den zahlreichen Diagrammen ermittelten Werte streuen allerdings sehr stark und liegen bei den von mir durchgeführten Versuchen an Saugventilen zwischen 0,5 und 1,5 m/s. Nach Angabe von Söchting wurden bei Messungen der Firma Hoerbinger Werte bis 4 m/s festgestellt. Kondratjewa gibt sogar für Streifenventile Werte bis zu 8 m/s an, wobei die Lebensdauer der Federplatten durchaus befriedigend war. Breinl gibt an, daß vor längerer Zeit in einer Erprobungseinrichtung, bei der die Ventilplatten durch eine Feder belastet einer bestimmten Schlagarbeit unterworfen wurden, Werte der Dauerschlagarbeit von rd. 10 kp/cm$^2$ Plattenfläche festgestellt worden sind. Werkstoff und Plattenstärke sind jedoch leider nicht genannt. Nimmt man eine Stärke von 2 mm für die Platte an, dann entspricht der genannte Energiebetrag einer Aufprallgeschwindigkeit von rund 11 m/s, einem Wert also, der weit über den bisher gemessenen Höchstwerten liegt. Damit tritt die Frage auf, wodurch wird eigentlich in der laufenden Maschine der Bruch einer Ventilplatte verursacht? Trotz aller bisherigen Erkenntnisse kann man leider nicht einwandfrei angeben:

a) welche Ursachen zu einer Überbeanspruchung führen,

b) wo und welche Art von Beanspruchungen auftreten,

c) welcher Werkstoffestigkeitswert (Trennfestigkeit oder Kerbschlagzähigkeit) maßgebend für die Haltbarkeit der Ventilplatte ist.

Die wesentlichsten Feststellungen und Erkenntnisse über die Lebensdauer von Ventilplatten bestehen daher nur aus Vergleichswerten, die aus statistischen Erhebungen über die praktischen Laufzeiten bei verschiedenen Werkstoffen gefunden wurden. Einige dieser Erkenntnisse können etwa in folgenden Richtlinien zusammengefaßt werden:

1. Bei einem neutralen Fördermittel und normalen Betriebstemperaturen ist ein reiner Kohlenstoff-Vergütungsstahl ausreichend.

2. Ausschlaggebend für die Lebensdauer einer aus einem solchen Stahl gefertigten Ventilplatte ist ein absolut gleichmäßiges feines und vor allem von Verunreinigungen freies Vergütungsgefüge.

3. Die Lebensdauer der Platte wird durch Kerben in der Platte stark verringert, infolgedessen sind eine hohe Oberflächengüte, konzentrische Bearbeitung sowie eine gute Abrundung aller Kanten durch eine geeignete Art der Bearbeitung sehr wichtig.

4. Ist ein ungeeigneter Werkstoff oder sind wesentliche Ursachen für eine Überbeanspruchung vorhanden, dann ist die Lebensdauer relativ kurz. Treffen die genannten Voraussetzungen dagegen nicht zu, dann können von der Platte mehrere Millionen Lastwechsel ausgehalten werden.

5. Ist das Fördermittel nicht neutral, dann setzt wahrscheinlich ein korrodierender Angriff auf die Ventilplatte ihre Lebensdauer stark herab. Einzelheiten über den Vorgang sind bisher noch nicht bekannt geworden. Gegenmaßnahmen hierzu sind Wahl von legiertem Stahl oder eines geeigneten Oberflächenschutzes.

6. Die Tatsache, daß oft bestimmte Ventilringe oder Ventile einer gleichen Gruppe von Ventilen sowie auch besonders die Saugventile der 2. Stufe kurze Laufzeiten aufweisen, führt zu der Ansicht, daß mitgerissene Feuchtigkeit sowie starke Verölung des Ventils die Lebensdauer verringern. Andererseits vergrößert absoluter Trockenlauf den Verschleiß und die Undichtigkeit des Ventils.

Wir müssen daher leider erkennen, daß die zweifellos wichtigste Frage der Lebensdauer der Ventilplatten noch ungeklärt ist und zu ihrer Lösung noch erhebliche Forschungsarbeit geleistet werden muß.

## 5. Zusammenfassung

Von den für die Gestaltung und Fertigung wichtigen Fragen des selbsttätigen Kompressorventiles werden die drei wichtigsten Probleme, das des Strömungswiderstandes, der Funktion des Ventiles und der Lebensdauer der Ventilplatte, behandelt. Die Strömungseigenschaften eines Ventiles im stationären Strom können versuchsmäßig festgestellt und in einer für die Berechnung geeigneten Form angegeben werden, wobei die Güte eines Ventiles in dieser Hinsicht zahlenmäßig gekennzeichnet werden kann. Daraus kann unter etwas vereinfachter Annahme mit Hilfe einer von DOLLESCHAL und FRENKEL angegebenen Differentialgleichung der zusätzliche Leistungsbedarf infolge des Strömungswiderstandes der Ventile berechnet werden. Die Vorgänge beim Arbeiten eines Ventiles werden erläutert und die Veränderung der Arbeitsweise mit der Drehzahl behandelt. Der besonders wichtige Schließvorgang wird mit Hilfe eines Näherungsverfahrens bestimmt, mit aufgenommenen Diagrammen verglichen und aus den Erkenntnissen sowie Versuchswerten Richtlinien für die richtige Bemessung der Ventilfeder abgeleitet. Die hinsichtlich der Lebensdauer bisher bekanntgewordenen empirischen Kenntnisse werden zusammengefaßt.

## Literatur


[1] BREINL, J. C., PRIBRAM. Untersuchungen und Neuerungen an Ventilkompressoren. Verlag Oldenburg, München 1922.

[2] LANZENDÖRFER, E., Strömungsvorgänge und Bewegungsverhältnisse bei Druckventilen schnelllaufender Kompressoren. Z. d. VDI (1932) S. 341 ff.

[3] FUCHS, R., HOFMANN, E., SCHÜLER, F., Der Einfluß der Ventile auf den Gütegrad von Kälte-Verdichtern mit besonderer Berücksichtigung der Drosselverluste der Platten-Ventile. Z. f. d. ges. Kälteindustrie (1941) S. 5—8.

[4] DOLLESCHAL, H. A., Berechnung der grundlegenden Parameter selbsttätiger Ventile für Kolbenverdichter. Allgemeiner Maschinenbau (Sowj. Z.) (1941) Nr. 9.

[5] COSTAGLIOLA, M., Die Theorie der federbelasteten Ventile f. Kolbenverdichter. Journal of Applied Mechanics (1950) Dez., S. 415—420.

[6] SAPIRO, M. B., Wärmebehandlung von Ringventilplatten aus Stahl 3 Ch' 13. Niichimmasch-Mitteilungen (1950) S. 93—107.

[7] DEMINGER, A., Neuzeitliche Ventilgestaltung f. raschlaufende Kälteverdichter. Kältetechnik (1951) S. 189—192.

[8] FRENKEL, M. I., Zyclograph, ein neues Gerät zur Indizierung und trägheitslosen Aufzeichnung periodischer Verschiebungen, Formänderungen und Kräfte. Niichimmasch-Mitteilungen (1952) Nr. 8.

[9] KONDRATJEWA, T. F., Die Feststellung der Ventilverluste in einem Kompressor. Niichimmasch-Mitteilungen (1954) Nr. 18.

[10] KONDRATJEWA, T. F., Die Arbeit des Kolbenkompressors mit Spaltventilen. Niichimmasch-Mitteilungen (1954) Nr. 18.

[11] FRENKEL, M. I., Vergleichsmethodik selbsttätiger Ventile nach statischen Charakteristiken. Niichimmasch-Mitteilungen (1954) Nr. 18.

[12] MAC LAREN, I. F. T., Das Ventil-Verhalten und die Leistung kleiner Verdichter. Compressed Air Engng. (1954) S. 245 ff.

[13] NAGOAKA, I. und HOTANI, S., Experimentelle Untersuchungen der Eigenschaften des Verdichterventils. Proceeding of the 10 th. internacional Congress Refrigeration, Paris 1955, S. 3091—3099.

[14] SÖCHTING, H., Huboscillogramme von Ventilen raschlaufender Verdichter. Z. d. VDI. (1955) S. 72 bis 76.

[15] SACHARENKOW, S. E. und KARPOW, G. W., Über die Arbeit selbsttätiger Ventile der Kolbenkompressoren. Abh. d. Leningrader polytechnischen Institutes (1955) S. 177.

[16] SACHARENKOW, S. E. und KARPOW, G. W., Über einige Berechnungsergebnisse der Bewegungsdiagramme schließender Organe von Ventilen des Kolbenkompressors. Abh. d. Leningrader polytechnischen Institutes (1956) Nr. 187.

[17] LORENTZEN, G., Über die Wirkungsweise automatischer Verdichterventile. Kältetechnik (1956) S. 165—168.

[18] SAPIRO, M. B. und RUMJANZEW, W. A., Erhöhung der Lebensdauer der Ventilplatten von Kompressoren. Nachr. Maschinenbau Moskau (1956) S. 3—6.

[19] SAPIRO, M. B. und MAKAROW, W. M., Steigerung der Lebensdauer von Verdichter-Ventilplatten. Niichimmasch-Mitteilungen (1957) S. 96—104.

[20] SAMSONOW, N. M., Betriebsmerkmale der Streifenventile in Kolbenverdichtern Vestn. Masstro. Moskau 1957, S. 11—16.

[21] KONDRATJEWA, T. F., Die Bestimmung der Energieverluste in selbsttätigen Ventilen eines Kolbenverdichters. Niichimmasch-Mitteilungen (1958) S. 3—20.

[22] MÜLLER, H., Untersuchung von Kompressorventilen. Diss. Braunschweig 1958.

[23] MÜLLER, H., Ermittlung des Ventilwiderstandes und Aufnahme von Huboszillogrammen von Verdichterventilen. Konstruktion (1959) S. 396—406.

[24] FRENKEL, M. I., Energieverluste in selbsttätigen Ventilen. Niichimmasch-Mitteilungen (1959) Nr. 32.

[25] LORENTZEN, G., Untersuchungen an Kompressorventilen. Zeitschr. f. Chemie, Bergbau und Metallurgie (1960) S. 47—56.

[26] VOIGT, H. und MEIER, H., Allgemeine Betrachtungen zur Auslegung, Herstellung und zum Einsatz selbsttätiger Verdichterventile. Pumpen- und Verdichter-Informationen (1960) H. 1, S. 20 . . . 28.

[27] MEIER, H., Einige Möglichkeiten und Probleme bei der experimentellen und theoretischen Untersuchung selbsttätiger Verdichterventile. Pumpen- und Verdichter-Informationen (1961) H. 1, S. 31—37.

Bei Fragen zur Produktsicherheit wenden Sie sich bitte an:
If you have any questions regarding product safety,
please contact:

Walter de Gruyter GmbH
Genthiner Straße 13
10785 Berlin
productsafety@degruyterbrill.com